国家出版基金项目
NATIONAL PUBLICATION FOUNDATION

"十三五"国家重点图书出版规划项目
中国特色畜禽遗传资源保护与利用丛书

淮　猪

任守文　等　编著

中国农业出版社
北　京

丛书编委会

本书编写人员

编著者　任守文　任同苏　王学敏　何孔旺　孟小滨

　　　　　李碧侠　王韶山　季　香　方晓敏　付言峰

　　　　　赵为民　刘小平　周李生

审　稿　王楚端

　　我国是世界上畜禽遗传资源最为丰富的国家之一。多样化的地理生态环境、长期的自然选择和人工选育，造就了众多体型外貌各异、经济性状各具特色的畜禽遗传资源。入选《中国畜禽遗传资源志》的地方畜禽品种达 500 多个、自主培育品种达 100 多个，保护、利用好我国畜禽遗传资源是一项宏伟的事业。

　　国以农为本，农以种为先。习近平总书记高度重视种业的安全与发展问题，曾在多个场合反复强调，"要下决心把民族种业搞上去，抓紧培育具有自主知识产权的优良品种，从源头上保障国家粮食安全"。近年来，我国畜禽遗传资源保护与利用工作加快推进，成效斐然：完成了新中国成立以来第二次全国畜禽遗传资源调查；颁布实施了《中华人民共和国畜牧法》及配套规章；发布了国家级、省级畜禽遗传资源保护名录；资源保护条件能力建设不断提升，支持建设了一大批保种场、保护区和基因库；种质创制推陈出新，培育出一批生产性能优越、市场广泛认可的畜禽新品种和配套系，取得了显著的经济效益和社会效益，为畜牧业发展和农牧民脱贫增收作出了重要贡献。然而，目前我国系统、全面地介绍单一地方畜禽遗传资源的出版物极少，这与我国作为世界畜禽遗传资源大国的地位极不相称，不利于优良地方畜禽遗传资源的合理保护和科学开发利用，也不利于加快推进现代畜禽种业建设。

为普及对畜禽遗传资源保护与开发利用的技术指导，助力做大做强优势特色畜牧产业，抢占种质科技的战略制高点，在农业农村部种业管理司领导下，由全国畜牧总站策划、中国农业出版社出版了这套"中国特色畜禽遗传资源保护与利用丛书"。该丛书立足于全国畜禽遗传资源保护与利用工作的宏观布局，组织以国家畜禽遗传资源委员会专家、各地方畜禽品种保护与利用从业专家为主体的作者队伍，以每个畜禽品种作为独立分册，收集汇编了各品种在管、产、学、研、用等相关行业中积累形成的数据和资料，集中展现了畜禽遗传资源领域最新的科技知识、实践经验、技术进展与成果。该丛书覆盖面广、内容丰富、权威性高、实用性强，既可为加强畜禽遗传资源保护、促进资源开发利用、制定产业发展相关规划等提供科学依据，也可作为广大畜牧从业者、科研教学工作者的作业指导书和参考工具书，学术与实用价值兼备。

丛书编委会

2019 年 12 月

序言

　　我国是世界畜禽遗传资源大国，具有数量众多、各具特色的畜禽遗传资源。这些丰富的畜禽遗传资源是畜禽育种事业和畜牧业持续健康发展的物质基础，是国家食物安全和经济产业安全的重要保障。

　　随着经济社会的发展，人们对畜禽遗传资源认识的深入，特色畜禽遗传资源的保护与开发利用日益受到国家重视和全社会关注。切实做好畜禽遗传资源保护与利用，进一步发挥我国特色畜禽遗传资源在育种事业和畜牧业生产中的作用，还需要科学系统的技术支持。

　　"中国特色畜禽遗传资源保护与利用丛书"是一套系统总结、翔实阐述我国优良畜禽遗传资源的科技著作。丛书选取一批特性突出、研究深入、开发成效明显、对促进地方经济发展意义重大的地方畜禽品种和自主培育品种，以每个品种作为独立分册，系统全面地介绍了品种的历史渊源、特征特性、保种选育、营养需要、饲养管理、疫病防治、利用开发、品牌建设等内容，有些品种还附录了相关标准与技术规范、产业化开发模式等资料。丛书可为大专院校、科研单位和畜牧从业者提供有益学习和参考，对于进一步加强畜禽遗传资源保护，促进资源可持续利用，加快现代畜禽种业建设，助力特色畜牧业发展等都具有重要价值。

中国科学院院士
中国农业大学教授　吴常信

2019 年 12 月

前 言

　　淮猪作为我国优秀畜禽品种之一，分布于淮河流域，兼具南方猪和北方猪的特点，是一个非常有特色的古老猪种。近年来，淮猪肉质优良的特性已成为产业开发利用的优势条件，保种工作也得到长足发展。

　　为了更好地展示、宣传淮猪这一富有特色的地方品种，进一步挖掘其优异种质特性，促进淮猪资源保护与开发利用，我们组织淮猪科研、繁育、推广机构的一线工作人员，在对淮猪的特性进行详细地总结梳理的基础上编写了本书，旨在为我国优质地方畜禽产业发展提供借鉴。

　　本书内容涵盖淮猪品种起源与形成过程、品种特征和性能、品种保护和繁育、营养需要与常用饲料、饲养管理技术、疫病防控、猪场建设、废弃物处理、品种开发与利用等，系统展示了淮猪的福利饲养、保种技术和资源利用等的最新成果，可为相关科研人员、教学人员及生猪产业从业人员提供一定参考。

　　本书的编写和出版得到了国家重点研发计划（2018YFD0501203）、国家支撑计划（2015BAD03B01-08）、国家生猪产业技术体系（CARS-35）、国家948项目（2014-

Z45）及江苏省农业重大新品种创制项目（PZCZ201733）等项目资助。

　　编著者水平有限，对相关资源和信息了解不够全面，书中的纰漏在所难免，希望读者批评指正。

编著者

2019 年 7 月

目录

第一章
品种起源与形成过程

第一节　产区自然生态条件

一、原产地及目前分布范围

淮猪是原产于淮河流域的古老地方猪种，分布于江苏、安徽、河南三省淮河流域地区，包括江苏省的淮北猪、山猪、灶猪，安徽省的定远猪、霍寿黑猪、皖北猪，河南省的淮南猪等。1986 年出版的《中国猪品种志》把淮猪归为"黄淮海黑猪"的一个类群；2003 年农业部 130 号公告把淮猪列入国家级保种名录；2004 年淮猪被列入农业部编写的《中国畜禽遗传资源名录》；2006年被列入农业部 662 号公告《国家级畜禽资源保护名录》。

淮猪又称淮北猪，为区别于培育品种新淮猪，故又称"老淮猪"，分布于洪泽湖及淮河入海通道以北地区，中心产区在江苏省的淮安、连云港等地。目前的淮猪主要饲养于江苏东海老淮猪产业发展有限公司，即 2016 年改制前的国营江苏东海种猪场，也是国家级淮猪保种场。

二、中心产区自然生态条件

（一）中心产区地理位置

连云港市和淮安市位于江苏省东北部，处于北纬 32°43′—35°07′、东经 118°12′—119°48′。东濒黄海，与朝鲜、韩国、日本隔海相望，北与山东省日照市接壤，西与山东省临沂市，江苏省徐州市及宿迁市毗邻，南连江苏省盐城市、扬州市及安徽省滁州市。

（二）地形地貌

连云港市总面积 7 499.9km²，其中水域面积 1 759.4km²，是全国首批 14 个沿海对外开放城市之一、新亚欧大陆桥东方桥头堡、中国水晶之都。地势由西北向东南倾斜，形如一只飞向海洋的彩蝶。地貌基本分布为西部丘陵区、中部平原区、东部沿海区和云台山区四大部分。西部丘陵海拔 100～200m；中部平原海拔 3～5m，耕地面积 3 797.9km²；东部沿海主要是约 700km² 盐田和 480km² 滩涂；云台山脉属于沂蒙山的余脉，有大小山峰 214 座，其中云台山主峰玉女峰海拔 624.4m，为江苏省最高峰。

淮安市地处江苏省北部中心地域，东西最大直线距离 132km，南北最大直线距离 150km，面积 10 072km²。属于黄淮平原和江淮平原，地形地貌以平原为主，无崇山峻岭，地势平坦，只有西南部的盱眙县有丘陵岗地，地势较高。境内河湖交错，水网纵横，京杭大运河、淮沭新河、苏北灌溉总渠、淮河入江水道、淮河入海水道、废黄河、六塘河、盐河、淮河干流 9 条河流纵贯横穿，全国五大淡水湖之一的洪泽湖大部分位于市境内，还有白马湖、高邮湖、宝应湖等中小型湖泊镶嵌其间。平原面积占总面积的 69.39%，湖泊面积占11.39%，丘陵岗地面积占 18.32%，是典型的"平原水乡"。

（三）气候

连云港市处于暖温带与亚热带过渡地带，四季分明，寒暑宜人，光照充足，雨量适中。常年平均气温 14.1℃，历年平均降水 883.6mm，常年无霜期220d。主导风向为东南风。由于受海洋调节，气候类型为湿润性季风气候。日照和风能资源为江苏省最多，也是最佳地区之一。例如 2010 年全市年平均气温 14.0℃，年日照时数 2 109h，无霜期 194d，全年气候条件对小麦、水稻生长较为有利，光、温、水总体配置适宜，属较好气候年景。

淮安市地处南暖温带和北亚热带的过渡地区，兼具南北气候特征，光、热、水整体配置较好。光能资源潜力较大，年日照时数为 2 060～2 261h。热量资源充裕，年平均气温 14.1～14.9℃，无霜期为 207～242d，满足农作物一年两熟制的需要。属典型的季风气候，自然降水丰富但分布不均，年平均降水量为 913～1 030mm，夏季降水量占全年降水量的 50% 以上。全市气候温暖而又较为湿润，四季分明，雨热同季。

（四）植被

区域植被系统主要由农田植被系统和林地植被系统构成。农田植被系统主要是农田，其中的物种一年四季变换较频繁；林地植被系统以杨树、柳树、刺槐等为主，并混有灌木、草丛，形成多层次的立体植被体系。林地植被系统具有较高的物种多样性，对保护生物多样性是有益的。

连云港市 2016 年底有林地面积 146 649hm²，国家特别规定灌木林地面积 13 893hm²，四旁树折算面积 26 431hm²，森林覆盖面积 186 973hm²，林木覆盖率 27.70%。淮安市树种分布兼有南北过渡性气候带的特征，适生树种较多，林业资源丰富，有高等植物 1 500 多种，其中木本植物 234 种，隶属 34 科 146 属，属国家重点保护植物的有 11 种。"十二五"中期，全市有林地面积 226 667hm²，活立木蓄积总量 1 650 万 m³，林木覆盖率 26.8%。

（五）物产和农业生产特点

南北过渡的气候条件和地貌类型的多样性，形成兼具南北特征的植物种群体系。连云港市是我国重要的粮棉油、林果、蔬菜等农产品生产基地，盛产水稻、小麦、棉花、大豆和花生。珊瑚菜、金镶玉竹为江苏省珍稀名贵特产。云台山的云雾茶为江苏三大名茶之一。人工饲养的畜禽品种有 12 科、18 属、90 多个品种。有各种鸟类 225 种，其中列入国家珍稀保护鸟类 31 种。拥有全国八大渔场之一的海州湾渔场、全国四大海盐产区之一的淮北盐场、全国最大的紫菜养殖加工基地、河蟹育苗基地和对虾养殖基地。境内已探明矿产资源 40 余种，其中磷、蛇纹石、水晶、石英等饮誉中外。东海县的水晶储量、品质居全国之首，有"中国水晶之都"的称号。

淮安市农业生产条件优越，适宜多种农作物的栽培和动物的饲养，是著名的"鱼米之乡"和全国重要的绿色农副产品生产基地，盛产优质稻麦、棉花、油料、林木、水果、畜禽、鱼虾、鳖蟹、珍珠等。西有"日出斗金"的洪泽湖，东有盛产鱼虾鳖蟹的高邮湖、白马湖，形成了蔬菜、畜禽、生猪、水产、林木五大主导产业。

（六）独特的自然生态孕育了淮猪

淮猪主产区属淮北平原，是江苏省农业开发较早的地区，早在春秋战国时期农业生产已相当发达。淮河流域地势平坦，但土质沙碱化而瘠薄，劳动人民需以养猪积肥改良土壤，提高粮食产量。农作物以麦类、豆类、甘薯和花生等为主。人们食肉的需要和农业生产对肥料的迫切需求，促进了淮猪的形成。由于经济条件差和耕作粗放，养猪多采用放牧和舍饲相结合的方式。在这样的自然条件和经济条件的综合影响下，经劳动人民的长期选育，逐渐培育出体型紧凑、嘴筒长直（适于掘食）、骨骼和肌肉发育较好，而增重较慢、成熟较迟的淮猪。

近半个世纪来，江苏北部改革农作制度，水稻种植面积不断扩大，放牧地大大缩小，农民养猪由半散养改为圈养。多年来，由于大力推广混合饲料和配合饲料，使淮猪的饲养条件发生很大的改变，使其生长速度有所提高，体型亦有所变大。淮猪具有产仔率高、抗病力强、耐粗饲、母性好、杂交优势明显、肉质鲜美等特点，是我国新淮猪等培育猪种的亲本，也是今后培育新品种的良好育种素材。尤其是其抗逆性好、瘦肉率高、肉质好的特点，适宜开发高档优质有机猪肉产品。但该品种有生长速度慢和饲料转化率较低的缺点，今后应加强品种选育，提高其生长性能。

第二节　产区社会经济变迁

一、历史文化

连云港在 5 万年前就有人类活动，六七千年前就有先民从事农耕。"藤花落"是国内迄今发现的首例具有内外城双重结构的史前城址，被誉为"东方天书"的将军崖岩画，经考证确认为 7 000 年前的少昊氏祭迹。孔子曾登山观海留下的文化遗存"孔望山"，并有东汉时期的艺术珍品——孔望山摩崖造像，据考证比敦煌莫高窟还要早 300 年。秦始皇四次东巡，三次到此并立石建"秦东门"。方士徐福寻求不老仙药自此扬帆东渡扶桑。中国古典名著《西游记》《儒林外史》《镜花缘》，都与海州、花果山有着不解之缘。

淮安是国家历史文化名城，人杰地灵，全市共有各级文物保护单位 100 多处，馆藏文物 4 万余件。历史上诞生过一代伟人周恩来、千古名将韩信、小说大家吴承恩、汉赋大家枚乘和枚皋、巾帼英雄梁红玉、民族英雄关天培等众多名人，中国四大名著之一《西游记》、中医四大经典之一《温病条辨》、晚清四大谴责小说之一《老残游记》等都创作完成于此。《西游记》作者吴承恩就是淮安人，故猪八戒的原型被认为是来自其家乡土生土长的淮猪。这里还是全国四大传统名菜之一淮扬菜的发源地，现存淮扬名菜名点 1 300 余种。淮扬菜中有代表性的"狮子头"和"扒烧整猪头"，正宗的原料应来源于淮猪。"狮子头"取肋排之上硬五花，红白分明，层次多样，肥瘦三七（三分瘦肉，七分肥肉），精肥搭配，以达到鲜嫩、肉香的效果。"扒烧整猪头"是将新鲜的猪头去除骨头、毛，从中间切开后洗净，放入锅中加入酱油、盐、冰糖等调料品烧熟而食，肉质烂熟，肥而不腻，香气扑鼻，甜中带咸。

二、经济结构

2018 年，连云港市 GDP 达 2 771.70 亿元，人均 61 332 元，三次产业结构比例为 11.7∶43.6∶44.7。高新技术产业占规模以上工业比重达 43.7%，实现新产品产值 494.5 亿元。农林牧渔业总产值 636.65 亿元，其中，农业产值 304.65 亿元，林业产值 16.0 亿元，牧业产值 115.89 亿元，渔业产值 155.49 亿元，其他方面产值 44.62 亿元。

2018 年，淮安市 GDP 达 3 601.3 亿元，人均 73 203 元，三次产业结构比例为 10.0∶41.8∶48.2。全年粮食播种面积 68.11 万 hm^2，粮食总产量 482.26 万 t，完成造林面积 0.26 万 hm^2。全年牧业总产值 142.79 亿元，猪牛羊及奶产品总产值 66.99 亿元，家禽总产值 47.86 亿元。全年渔业总产值 67.86 亿元。

三、主要畜产品

2017 年，连云港市肉类总产量 26.77 万 t，禽蛋产量 10.09 万 t，奶产品 4.98 万 t。生猪、牛、羊及家禽出栏量分别为 267.71 万头、10.82 万头、39.57 万只和 6 011.3 万只，年末生猪、牛、羊及家禽存栏分别为 150.08 万头、7.01 万头、23.37 万只和 1 234.62 万只。

2017 年，淮安市肉类总产量 30.07 万 t，猪肉、牛肉和羊肉产量共 19.21 万 t，禽肉产量 10.80 万 t；禽蛋总产量 12.62 万 t，牛奶总产量 4.16 万 t。大牲畜、生猪和家禽饲养量分别达 5.5 万头、390.91 万头和 0.99 亿只。

第三节　品种形成的历史过程

淮北平原接近古代文化中心，是江苏省开发最早的地区。西周或战国中期成书的《书经·禹贡》上载有："海岱及淮惟徐州……厥田惟上中，厥赋中中"，证明早在春秋战国时期淮北平原的农业已发展到一定水平。秦汉时期这里已较普遍地使用先进的铁制农具，人口较江南为多，当时淮北所设县治多于江南，即是证明。据对山东大汶口文化遗址的出土文物考证，1/3 的古墓中葬有家猪的骨骼。《史记·樊哙传》中记载，项羽赐樊哙"厄酒彘肩"，其中彘肩指的就是猪腿。以上记载证明至少在 2 000 多年前，淮北地区的人民就有养猪吃肉的习惯。魏晋南北朝和南宋时期，淮北平原经济遭受战争破坏，两次大规模移民南下，淮猪逐渐被引入南京、镇江、扬州的丘陵山区，经长期培育形成山猪。后随沿海地区的开发，淮猪东移，又逐渐形成适应沿海盐渍地带的灶猪。

淮猪主要分布在淮河流域，淮河经常泛滥成灾，易旱易涝，土壤瘠薄，粮食产量低而不稳。农作物以麦类、甘薯、玉米、豆类、花生、高粱、谷子等旱地作物为主。淮猪的形成和当地当时的环境和饲养条件是分不开的。为了适应淮北杂谷地区地多人少、耕作粗放、生产水平低、群众经济生活艰难以及气候干燥而较冷的特点，淮猪的饲养就有一系列特点：采用放牧与舍饲相结合的方式，一方面解决劳动力紧张和饲料供应的困难，另一方面又充分利用了高达20％左右的广大夏休地和冬闲地以及作物残茬，减轻了因收获粗放所造成的耕种损失。一般仔猪在断奶前就随母猪放牧，不论寒暑，一直到体重 40～50kg才开始上槽催肥。而且多把上槽时间安排在秋收以后，使其能继续在大豆、花生或甘薯的残茬地上放牧，不需再行补饲，待放牧结束就可达到正常屠宰体重，所谓著名的"放三茬"，实际是一种特殊的放牧肥育。其次，由于作物产量低，经济贫困，人的口粮都有一些紧张，喂猪就必然大量利用青、粗饲料，仅有的少许精料也就千方百计地用在刀刃上，即在体内重要组织器官基本上已发育完全，开始积聚体脂，利用饲料中糖类的能力最高时才补料而进行催肥，肌肉脂肪含量较高。由于当地产杂粮，人类不能利用的副产品较多，再加上群众购买力低，养猪饲料基本上是自给自足，而且大都是当地所产的杂粮副产品。青料以野草、野菜和甘薯藤为主，精料以花生饼、甘薯、玉米和残羹泔水等为主，除残羹外，其余都是生的，加水搅拌后饲喂。

淮猪就是在这种极其贫瘠的饲养条件下经当地群众长期选育而逐渐形成的，因此其适应性强，耐热、耐寒、耐苦，对粗放的环境有较好的抗性。淮猪过去采用放牧和长距离驱赶的饲养方式，肉色较红、肉味香浓，故淮猪肉及其加工肉制品受到消费者的欢迎。产区盛产甘薯、花生等作物，淮猪对这些青粗饲料利用率较高，养猪户、养猪场多年来保持着添加甘薯藤、花生藤、甘薯以及甘薯藤粉、花生藤粉等青粗饲料的传统习惯。由于全年无霜期较长，光照充足，温度适宜，适合植物生长，基本可以满足各种牧草生长需要，可以常年提供养猪所需的青粗饲料。

20世纪80年代前，在江苏省苏北地区养有大量淮猪。据1987年出版的《江苏省家畜家禽品种志》记载，1979年全省有淮猪母猪约17.27万头，居全省地方品种母猪总数的第二位。20世纪70年代末，由于淮北地区广泛推广新淮猪，当地大部分老淮猪被新淮猪及其杂种猪所取代。1981年调查，老淮猪有种猪约1万头。1987年调查，老淮猪中心产区主要集中在东海、赣榆等地。2006年调查，江苏有老淮猪公猪150余头，母猪1.10万头，其中连云港市有公猪140余头，母猪0.91万头；徐州市约有公猪10头，母猪0.10万头；盐城市有母猪0.09万头，其余零星散布于南通、扬州、宿迁等地。

20世纪70年代初，苏、鲁、豫、皖4省有关部门曾对淮猪进行过有计划的选育。1982年11月成立了"苏、鲁、豫、皖4省淮猪育种委员会"，由四省畜牧主管部门轮流牵头，定期召开会议，交流选育经验。江苏省的淮猪育种工作在省农林厅的直接领导下，分别在东海、赣榆、新沂3个种猪场进行。到1985年，江苏东海种猪场选育出东海一系、二系、三系、四系4个品系。20世纪90年代，随着国家对种猪场扶持政策的逐步弱化，种猪纯繁选育经费短缺，育种工作不能正常开展。淮猪保种选育工作受到严重影响，大部分种猪场猪群规模缩小，近交系数上升。伴随大约克、长白、杜洛克及其杂种猪的大量引入与推广，淮猪数量急剧减少。至20世纪90年代以后，仅东海种猪场艰难地保存着数量极少的几十头淮猪。至2016初，东海种猪场存栏淮猪种猪达1 293头，有6个血统。其他地区的淮猪几乎灭绝。

2016年8月，东海县人民政府、连云港市农业发展集团有限公司、江苏福如东海发展集团有限公司三方签订战略合作协议，两家企业与江苏东海老淮猪产业发展有限公司合作，共同经营发展东海老淮猪产业，以淮猪资源的保护与开发利用为目标，整合东海种猪场现有的养殖、屠宰加工、销售等资源，进行产业化开发，目前已形成了一条完整的文化产业链条。截至2017年12月底，淮猪种群规模为982头，其中保种群母猪530头，公猪58头，存栏商品猪8 327头。

第二章
品种特征和性能

第一节　体型外貌与生物学特性

一、淮猪的体型外貌

淮猪体型紧凑，中等大小。全身被毛黑色、较密，冬季生褐色绒毛，鬃毛较长、硬，富有弹性。头部面额皱纹浅而少，有菱形皱纹，嘴筒较长而直（有拱土的习惯），耳稍大、下垂；中躯稍长，肋骨数 14 对，腰背窄平，部分猪微凹，腹部较紧，不拖地；臀部斜削，尾长 28～37cm，较粗，下垂，尾末梢松散，毛较密；四肢较高且结实，后肢多卧系。母猪乳头较粗，对称排列，一般为 8～10 对。成年公猪下颌两侧各有 1 颗獠牙，粗大，稍向上弯曲；前肢上部外侧皮肤形成盔甲状，脊背中部向前有 6～7 道纵向皱褶。

二、淮猪的生物学特性

（一）适应性强，分布广

从生态适应性来看，淮猪对气候寒暑、饲料精粗、管理方式粗放或细化都有很强的适应性，因而饲养范围相当广泛，分布于淮河流域。尽管淮猪的适应性很强，但只有给予适宜的环境条件，才能充分发挥其遗传潜力，获得良好的生产性能。

（二）大猪怕热，小猪怕冷

成年猪皮下脂肪层厚，皮肤无汗腺，体表面积相对较小，散热能力差，加之皮肤被毛稀疏，体表隔热能力也弱，使其对高温的适应能力差而怕热（成年猪生长适宜温度为16～28℃）。初生仔猪皮下脂肪少、皮薄、被毛稀疏，体表面积相对较大，很易散失体热，因而对低温极为敏感，初生仔猪的适宜温度范围较小，为32～34℃。仔猪出生后应尽快吃到初乳，并保持环境温度适宜，可提高其代谢强度，增加肠道对营养物质的吸收率，使体温在2d内达到并保持正常的水平，其等热区下限逐渐下移，耐寒力逐渐增强（出生2～3日龄内保温很关键）。在养猪生产中始终要注意大猪喜凉爽，小猪喜温暖。

（三）多胎高产，繁殖性能强

猪为胎生动物，多胎高产、生产周期及世代间隔短、长年发情。一般4～5月龄即性成熟，6～8月龄可进行配种，妊娠期114d左右（3个月＋3周＋3d）。与其他家畜相比，猪的繁殖力最强，淮猪初产每胎产仔10头左右，经产母猪窝产仔数13头左右。经产母猪年产胎数与哺乳天数有关，一般哺乳45d，每年可产2.1～2.2胎，短期内能增殖大量后代。

（四）杂食动物，食性广泛

猪消化功能强，能消化大量的饲料。由于猪的胃内不具备分解粗纤维的微生物，因而消化饲料中粗纤维的能力较差。尽管猪对粗纤维的消化能力差，但淮猪的耐粗饲能力还是比较强的，历史上就有放"三茬"的习惯。猪的日粮中必须要有一定量的粗纤维，特别是种猪群，加入适量粗纤维饲料时，更有助于消化。淮猪采用半放牧饲养和补饲青饲料等都是考虑到其耐粗饲能力强这一特点。猪的采食量明显受饲料适口性的影响，喜甜食和拌湿食物，幼猪更喜欢奶酪味饲料。

（五）生长发育快，生产周期短

与牛、羊等草食动物相比，猪的胚胎生长和出生后个体生长期较短，生长发育较快。老淮猪初生仔猪的体重为0.8～1kg，45日龄断奶时体重为初生体重的7～8倍，3月龄保育结束时体重是断奶体重的2倍左右，体重20～85kg阶段平均每天增重0.45kg左右。

三、淮猪的行为特点

（一）嗅觉和听觉灵敏，视觉不发达

猪的嗅觉较灵敏，猪凭嗅觉能有效地寻找食物、辨别群内个体、圈舍和卧位，以及进行母仔之间的交流。初生仔猪主要依靠嗅觉寻找并固定乳头。在公猪与母猪的联系中，嗅觉和听觉也起着十分重要的作用。猪的听觉极其敏锐，很容易通过调教形成条件反射。猪的视觉很差，视距、视野范围很小，对光的强弱、物体形态、颜色等缺乏精确的辨别能力。猪有坚硬的吻突，喜拱土觅食，因而对圈舍设施和饲料地有破坏作用。

（二）群居动物，合群性强，并能形成严格的群居位次

猪在群饲条件下，具有很强的模仿性、争食性和竞争性。新组成的猪群通常会发生激烈的咬斗现象，一般经过 2~3d 就会建立起明显的位次关系，形成一个新的群居集体。因此，生产中应避免频繁调群，以减少因争斗对生产和猪健康产生的不利影响。

（三）喜干燥，爱清洁

猪喜欢在干燥的地方躺卧，选择阴暗潮湿或脏乱的地方排泄粪尿。猪有极强的区域感，即使在很有限的区域，仍会本能地预留出躺卧区和排泄区。生产中，如果圈舍设计合理，管理得当，可使猪养成定点采食、趴卧、排泄的三点定位习惯。

（四）公猪性行为

公猪性行为受发情母猪释放的性激素支配。自然交配时，公猪配种能力较差，一般原因是肢体、阴茎受伤或青年公猪爬跨方向错误等。正常情况下公猪5~8月龄时，要与母猪适当接触，相隔几米就可接受来自母猪的性信息，有利于公猪雄性特性的正常发育；后备公猪尽可能长时间群养。高温可严重影响公猪的性活力与精子质量，特别是夏季高温季节要注意给公猪防暑降温。

（五）母猪性行为

母猪的正常发情是猪场稳定生产的基础。母猪在发情期要与公猪有一定的

接触，发情鉴定的准确度才高。在没有公猪在场的条件下，人工检查发情的准确度只有 50%；如果母猪能听到公猪声音、嗅到气味准确率可达 90%；如能与公猪直接接触则准确率可达 100%。适度接触公猪有利于发情鉴定，但过度接触则会出现性冷淡。

（六）母猪正常孕期及胎儿发育

母猪的正常孕期为 114d 左右。

胎儿在母体内的发育过程：母猪配种后 10～16d 受精卵着床，16～35d 为胚胎期，35d 胎儿骨骼钙化，35～114d 为胎儿期。胎儿在 70d 左右开始具有免疫力（出生后 70 日龄免疫功能健全）。0～30d 的胚胎死亡后一般被重吸收（隐性流产）；35～70d 的胎儿发生感染，死亡后胎儿木乃伊化；70～114d 的胎儿发生感染时，因具有免疫力通常能存活。

（七）攻击行为

与江苏省其他地方猪种相比，淮猪的攻击行为较强，经常发生咬人事件。当圈舍面积不足时，同圈内位次较高的猪就会攻击位次较低的猪；合群时因打乱了原有位次，会通过相互攻击重新排位；如果陌生猪入群，原来的猪会群起而攻之（排外），往往会致死；当同圈中有一头猪生病并出现异常体味时，其他猪会误以为是外来猪，也会发起攻击。

（八）异常行为

1. 互咬　猪舍通风不良造成有害气体浓度超标（人进入圈舍感觉辣眼睛时氨气超标）、营养缺乏、饲养密度过大，均为引起互咬的原因。互咬最常见的是咬尾，一旦咬破见血后会引起更激烈的群体撕咬，断尾部解决咬尾是不得以措施。有时发生以鼻吻突触碰腹部并吸吮的行为，会引起乳头、肚脐、阴茎、阴囊的炎症。

2. 刻板行为　是指有规律重复的、行为表现一致的一组动作（如假咀嚼、玩饮水嘴或过量饮水、摇头、含咬栏杆、打哈欠、伸缩舌头、舔地面等），源于环境压抑、饥饿时得不到食物等原因。无明显功能障碍，与生产性能不直接相关。

四、淮猪的生化指标

周波等对江苏东海种猪场 50kg、60kg 和 80kg 3 个体重等级的共计 30 头淮猪进行了血液生化指标分析，分析结果如表 2-1 所示。

表 2-1 不同体重等级淮猪的血常规指标

项　目	50kg	60kg	80kg
头数	10	10	10
白细胞数目（$\times 10^9$/L，定标前）	14.86	18.86	16.08
白细胞数目（$\times 10^9$/L，定标后）	5.35±0.62	6.79±0.5	5.35⊥0.60
淋巴细胞百分比（%）	29.26±0.14	21.2±1.512	29.26±0.16
中性粒细胞百分比（%）	16.61±0.57	11.92±1.44	16.61±0.57
红细胞数目（$\times 10^{12}$/L）	3.4±0.19	2.08±0.24	3.4±0.19
血红蛋白含量（g/L）	83.57±11.3	45.7±12.53	83.57±11.3
红细胞压积（%）	35.8±2.09	22.06±2.59	35.8±2.09
平均红细胞体积（fL）	52.88±1.24	32.02±1.01	52.88±1.24
平均血红蛋白含量（pg）	13.06±0.89	7.01±0.9	13.06±0.89
平均血红蛋白浓度（g/L）	140.2±7.77	70.87±7.87	140.2±7.77
红细胞分布宽度 CV（%）	8.52±0.6	20.43±0.55	8.52±0.6
红细胞分布宽度 SD（fL）	64.44±1.11	26.07±1.42	54.44±1.11
中间细胞数目（$\times 10^9$/L）	1.47±0.31	1.08±0.22	1.47±0.31
中性粒细胞数目（$\times 10^9$/L）	1.49±0.16	2.21±0.3	1.49±0.16
淋巴细胞数目（$\times 10^9$/L）	4.89±1.29	4.04±1.09	4.89±1.29
中间细胞百分比（%）	8.71±0.65	5.84±0.52	8.71±0.65

五、淮猪的耐粗饲特性

目前，淮猪的饲养在满足其营养水平的基础上，会补充青、粗饲料。育肥猪全程添加青绿饲料，后期添加甘薯藤粉、花生藤粉等粗饲料，粗饲料添加量占日粮的 5%～20%。这种饲养方式一方面改善了淮猪及特色商品猪的饲料结构，减少精料的用量，节约了养殖成本；同时还能提高猪肉的品质，改善猪肉的风味。

戎婧等（2011a）进行了不同粗纤维水平饲料对淮猪胴体品质与肉质影响的研究（表 2-2 至表 2-4）。试验选用 60 头体重 50kg 左右的淮猪，按体重相近、公母比 7：8 的原则分为 4 个组，每组 15 头。分别饲喂粗纤维含量

5.40%（不添加花生藤粉）、7.30%（添加花生藤粉 4%）、8.60%（添加花生藤粉 12%）和 10.71%（添加花生藤粉 20%）的日粮。当试验猪体重达 80kg 时饲养试验结束，每组选择活重 80kg 左右的 4 头猪禁食 24h 后屠宰，在左半胴体倒数第 3～4 胸椎处向后取背最长肌 30cm；取一部分肉样在室温下放置 45min 后测定 pH；再取一部分肉样切成 2cm 厚的肉块放置 2h，测定肉色、失水率和剪切力；剩余肉样切成 5cm 厚的肉块保存于−40℃冰箱中，以后测定肌内脂肪和肌苷酸含量。结果表明：7.30%组、8.60%组和 10.71%组生长速度较对照组（5.40%）有所降低，3 个试验组间无显著差异；3 个试验组肉的嫩度均显著好于对照组，即添加粗纤维日粮增加了淮猪肌肉嫩度，同时添加粗纤维对其 pH_{45}、肉色、肌内脂肪含量均无显著影响。

表 2－2 日粮配方及营养水平

项 目	对照组（5.40%）	7.30%粗纤维组	8.60%粗纤维组	10.71%粗纤维组
日粮配方				
玉米（%）	62.9	59.10	60.70	62.40
麸皮（%）	23.00	23.00	11.60	0.00
花生藤粉（%）	0.00	4.00	12.00	20.00
豆粕（%）	11.20	11.10	12.80	14.60
磷酸氢钙（%）	0.00	0.00	0.60	1.10
石粉（%）	1.40	1.30	0.80	0.40
食盐（%）	0.50	0.50	0.50	0.50
添加剂（%）	1.00	1.00	1.00	1.00
营养水平				
消化能（MJ/kg）	15.29	15.39	15.45	15.37
干物质（%）	84.27	84.34	85.11	85.33
粗蛋白质（%）	14.01	13.66	14.22	12.94
赖氨酸（%）	0.57	0.57	0.58	0.59
粗纤维（%）	5.40	7.30	8.60	10.71
粗脂肪（%）	3.18	2.97	2.83	3.09
钙（%）	0.57	0.56	0.55	0.56
磷（%）	0.45	0.45	0.46	0.46

注：①花生藤粉粗蛋白质含量 13.36%，粗纤维含量 38.66%。②营养水平中赖氨酸、钙、磷含量为计算值，其余为实测值。

表 2-3　日粮不同粗纤维水平对育肥淮猪生产性能的影响

项　　目	对照组（5.40%）	7.30%粗纤维	8.60%粗纤维	10.71%粗纤维
初重（kg）	47.85±2.45	47.30±2.85	47.60±2.71	47.80±2.85
末重（kg）	77.23±9.93[b]	70.72±6.12[a]	70.12±8.98[a]	69.65±4.31[a]
平均日增重（g）	304.60±9.43[b]	269.23±16.63[ab]	258.85±22.33[a]	251.19±19.94[a]
平均日采食量（kg）	2.10±0.06[b]	1.94±0.09[a]	1.92±0.05[a]	1.90±0.05[a]
料重比	6.85±0.45	7.23±0.71	7.44±0.48	7.62±0.77

注：同行肩标不同字母表示差异显著（$P<0.05$），含有相同字母或没有字母表示差异不显著（$P>0.05$）。

表 2-4　不同粗纤维水平的日粮对肥育淮猪肉质的影响

项　　目	对照（5.40%）	7.30%粗纤维	8.60%粗纤维	10.71%粗纤维
样本数（头）	4	4	4	4
pH_{45}	6.29±0.18	6.22±0.25	6.44±0.11	6.26±0.14
肉色	3.75±0.28	3.50±0.41	3.63±0.25	3.38±0.36
失水率（%）	9.81[a]±0.52	11.64[ab]±0.80	12.44[b]±0.54	10.11[a]±1.08
肌内脂肪含量（%）	5.11±0.86	4.04±0.22	4.47±0.85	5.16±0.16
剪切力（N）	35.18[b]±2.55	20.19[a]±3.23	19.99[a]±2.06	23.42[a]±1.47
肌苷酸含量（mg/g）	4.65[bc]±0.77	2.91[a]±0.15	4.05[b]±0.16	5.29[c]±0.27

注：①同行肩标不同字母表示差异显著（$P<0.05$），含有相同字母或没有字母表示差异不显著（$P>0.05$）。②剪切力表示肌肉嫩度。

第二节　生产性能

一、繁殖性能

淮猪母猪初情期为 75 日龄左右，公猪出现性行为在 90 日龄左右。母猪 7～8 月龄配种，体重 50～60kg；公猪 8～9 月龄配种，体重 75kg 左右。初产母猪产仔数 9 头左右，经产母猪产仔数 13 头以上。

二、生长性能

淮猪不同月龄体重、体尺见表 2-5 至表 2-9，但体重与体尺在不同时期和不同饲养条件下有一定差异。

表2-5　1954年淮猪的各月龄体重（淮阴种猪场测定）

月龄	公猪		母猪	
	头数	平均体重（kg）	头数	平均体重（kg）
初生	63	0.70	49	0.73
1	54	3.58	46	3.46
2	50	8.24	45	8.30
3	4	14.27	55	15.01
4	4	20.58	55	21.32
5	4	26.81	54	28.43
6	4	34.80	55	35.33
7	4	41.97	55	41.31
8	4	47.45	53	47.34
9	3	54.32	52	53.93
10	3	58.88	55	61.98
11	3	66.34	48	65.56
12	3	75.51	45	69.71

注：引自陈樵《江苏省猪品种志》，1982.

表2-6　1954年淮猪体尺（淮阴、泗阳、涟水三县调查）

性别	头数	体长 (cm)	体高 (cm)	胸围 (cm)	胸深 (cm)	臀高 (cm)
3岁以上成年母猪	62	111.85	56.83	100.34	35.34	58.24
1.5岁公猪	2	96.50	53.35	83.50	26.75	53.75

表2-7　1981年淮猪体重、体尺（赣榆县调查）

场别	头数	体重 (kg)	体长 (cm)	胸围 (cm)	体高 (cm)
全民	39	145.56	134.97	124.62	72.59
社办	16	100.84	124.63	107.94	65.80
队办	5	72.08	100.25	101.75	61.25

表2-8　1986年淮猪体重、体尺（《中国猪品种志》）

类别	头数	体重 (kg)	体长 (cm)	胸围 (cm)	体高 (cm)
成年公猪	5	182.26	147.20	136.60	79.40
成年母猪	98	128.38	129.43	118.20	70.52

表 2 - 9　2018 年淮猪体重、体尺（东海种猪场）

类别	头数	体重 （kg）	体长 （cm）	胸围 （cm）	体高 （cm）
后备母猪	11	54.43	99.73	88.64	51.18
成年母猪	25	126.44	129.20	120.56	66.92

近几年，淮猪体重统计情况：初生重 0.8～1kg；45 日龄断奶重 7～8kg；90 日龄（保育结束）体重 15～16kg；6～7 月龄，公猪体重 60kg 左右，母猪体重 54kg 左右；成年公猪体重 110～150kg，成年母猪体重 90～125kg。

三、育肥性能

在每千克混合精料含可消化能 12.134MJ 和可消化粗蛋白质 102g 的营养条件下，淮猪平均日增重约为 475g，每千克增重约消耗混合精料 4.57kg，折合可消化能 55.438MJ，可消化蛋白 430g。

四、屠宰性能

据 1982 年出版的《江苏省猪品种志》记述，淮阴种猪场屠宰试验，体重平均 102.5kg，屠宰率 64.8%，板油比例 4.85%，膘厚 5.0cm，皮厚 0.37cm。

淮猪胴体品质的特点是背膘较厚，皮较厚，胴体中瘦肉比例较高。体重 80kg 左右的肥猪，第 6～7 肋处背膘厚度为 3.58cm，皮厚 0.67cm，后腿重占胴体重的 27.99%，胴体中瘦肉比例为 45%。

2006 年江苏东海种猪场对淮猪进行了饲养试验和屠宰测定。4 头淮猪从 105 日龄左右开始进行 140d 的饲养试验，试验期日增重为 378.93±67.74g，料重比为 4.54：1。和 1980 年江苏省徐州地区多种经营管理局等单位的试验结果相比，日增重增加了 127g，这可能是饲料和试验期不同所造成的。

2006 年南京农业大学在东海种猪场测定 4 头淮猪的屠宰性能，宰前体重为（77.68±9.23）kg，屠宰日龄为 246d（8 个月左右）。屠宰率为 70.79%±0.82%，胴体重（55.00±6.77）kg，瘦肉率 44.89%±2.15%。第 6～7 肋背膘厚度为（3.79±0.34）cm，平均背膘厚度为（3.58±0.37）cm，皮厚为（6±0.6）mm，眼肌面积为（21.02±4.23）cm²。

有报道称，在较好饲养条件下，6 月龄肥育猪屠宰率达 68.91%，8 月龄达 73.46%，瘦肉率分别为 49.07% 和 44.61%；与相同饲养条件下的二花脸猪、梅山猪、内江猪比较，屠宰率较高，胴体中瘦肉率含量也较高。

五、肉质性状

肌肉色泽鲜红色或深红色，脂肪洁白，有光泽，大理石纹明显；切面不渗水，触摸有弹性，外表微干或微浸润；肌肉 pH 为 5.6～6.5，系水力为 6%～15%，嫩度≤34.3N，肌内脂肪含量为 3.5%～5%，最高达 7.5%。烹煮后肉汤澄清透明，脂肪团聚于汤表面，香味浓郁。

据江苏东海种猪场 2006 年的测定结果表明，淮猪肉质优良，pH 为 6.39±0.13，肉色评分为 4 分，肉色红度（色差仪所测 n 值）为 9.49±1.92，明显高于洋三元或长淮、大淮等杂种猪，系水力为 62.16%±4.79%，肌内脂肪含量为 4.85%±1.62%。

据戚桂成（1985）报道，8 头 210 日龄平均体重 77.84kg 的淮猪，背最长肌的肌肉脂肪含量达 11.71%±4.74%，水分和蛋白质含量分别为 64.24%±4.19% 和 22.78%±3.03%。

2010 年对东海种猪场 15 头淮猪猪肉的测定表明，pH 为 6.29±0.18，肉色为 3.75±0.28，失水率为 9.81%±0.52%，肌内脂肪含量为 5.11%±0.86%，剪切力为（35.18±2.55）N，肌苷酸含量为（4.65±0.77）mg/g。

李兴美等（2011）对不同体重阶段的东海淮猪肌肉脂肪酸和氨基酸含量进行了分析研究。选择 20 头相同日龄且遗传背景相同的断奶淮猪，在饲养至体重分别为 80kg 和 98kg 时，均随机选取 4 头进行宰杀，同时选取其肩颈肉（一号肉）、肋腹肉（二号肉）、背腰肉（三号肉）、臀腿肉（四号肉）4 个部位肌肉样品，对其脂肪酸和氨基酸组成和含量进行了测定与分析（表 2-10、表 2-11）。

1. 不同屠宰体重的东海淮猪肌肉脂肪酸种类有一定差异　98kg 组和 80kg 组绝大部分的脂肪酸种类都是相同的，即其四个部位均检测到 10 种脂肪酸，其中饱和脂肪酸 5 种，即 C 14:0、C 16:0、C 17:0、C 18:0、C 20:0；不饱和脂肪酸 5 种，其中单不饱和脂肪酸 2 种，即 C 16:1cis 和 C 18:1trans，多不饱和脂肪酸 3 种，即 C 18:2、C 18:3 和 C 20:4。但是，98kg 组在其 4 个肉样中均比 80kg 组多检测到了一种棕榈油酸 C 16:1（t9），即它有 6 种不饱和脂肪酸。

2. 不同屠宰体重的东海淮猪肌肉脂肪酸含量有一定差异　比较 98kg 组和 80kg 组之间脂肪酸含量的差别，发现两者绝大部分脂肪酸的含量相近，只有亚麻酸含量有差异。二号肉和三号肉中98kg组的亚麻酸含量显著高于80kg组（$P<0.05$），前者分别是后者的3.75倍和2.46倍。

3. 不同屠宰体重的东海淮猪肌肉中氨基酸的含量有差异　发现80kg组的各种氨基酸含量均高于98kg组。在80kg组，其一号肉的鲜味氨基酸和必需氨基酸的含量显著高于98kg组（$P<0.05$），其中必需氨基酸与氨基酸总量比值差异极显著（$P<0.01$）。此外，80kg组三号肉的胱氨酸、缬氨酸、蛋氨酸和鲜味氨基酸与氨基酸总量比值均显著高于98kg组（$P<0.05$）。在四号肉中，80kg组的谷氨酸和丙氨酸的含量显著高于98kg组（$P<0.05$）。

表 2-10　不同屠宰体重的东海淮猪肌肉脂肪酸组成和含量

脂肪酸	一号肉		二号肉		三号肉		四号肉	
	98kg	80kg	98kg	80kg	98kg	80kg	98kg	80kg
肉豆蔻酸 (g/100g)	1.02± 0.06	0.94± 0.01	1.13± 0.11	1.27± 0.08	1.22± 0.09	1.19± 0.08	0.93± 0.06	0.90± 0.09
棕榈酸 (g/100g)	21.52± 0.58	23.52± 0.80	23.76± 1.13	24.91± 0.25	23.80± 0.89	23.54± 0.70	20.98± 1.20	22.76± 1.41
棕榈油酸 (g/100g)	0.30± 0.02	ND	0.2± 0.022	ND	0.24± 0.00	ND	0.23± 0.02	ND
十七烷酸 (g/100g)	0.26± 0.03	0.21± 0.02	0.22± 0.04	0.19± 0.02	0.20± 0.03	0.18± 0.00	0.25± 0.03	0.25± 0.02
硬脂酸 (g/100g)	10.43± 0.45	10.41± 0.19	11.40± 0.30	11.42± 0.93	11.15± 0.44	10.77± 0.47	10.38± 0.56	1.49± 0.53
油酸 (g/100g)	39.24± 1.43	40.44± 1.41	42.02± 2.15	44.21± 1.81	12.35± 1.86	39.88± 1.71	37.5± 73.91	33.49± 1.05
亚油酸 (g/100g)	14.43± 1.17	11.97± 1.55	11.00± 2.16	8.525± 0.62	9.92± 1.25	11.52± 1.46	14.56± 2.04	16.80± 1.42
花生酸 (g/100g)	0.18± 0.00	40.20± 0.02	0.24± 0.01	0.23± 0.02	0.28± 0.06	0.21± 0.01	0.24± 0.04	0.20± 0.01
亚麻酸 (g/100g)	0.74± 0.25	0.57± 0.32	0.90± 0.11a	0.24± 0.07b	0.69± 0.12a	0.28± 0.08b	0.63± 0.21	0.33± 0.06
二十碳四烯酸 (g/100g)	2.58± 0.27	1.95± 0.43	1.77± 0.69	1.30± 0.25	1.66± 0.46	2.44± 0.61	2.10± 0.52	3.22± 0.31
SFA (g/100g)	33.4± 10.88	35.29± 0.83	36.75± 1.44	38.01± 1.24	36.64± 1.31	35.90± 1.18	32.78± 1.69	35.58± 1.98

（续）

脂肪酸	一号肉		二号肉		三号肉		四号肉	
	98kg	80kg	98kg	80kg	98kg	80kg	98kg	80kg
MPUFA (g/100g)	42.46± 1.54	44.18± 1.71	45.41± 2.25	48.08± 2.16	16.11± 1.90	13.72± 1.81	40.51± 4.19	36.45± 1.12
PUFA (g/100g)	17.75± 1.18	14.49± 2.05	13.68± 2.84	10.06± 0.87	12.27± 1.62	14.24± 2.10	17.78± 2.41	20.36± 1.60
UFA (g/100g)	60.22± 0.68	8.68± 0.45	9.09± 0.81	58.14± 1.64	58.38± 0.42	57.96± 0.43	58.30± 2.12	56.81± 1.84
总脂肪酸 (g/100g)	93.63± 0.97	93.97± 0.78	95.83± 0.75	96.15± 0.58	95.03± 1.65	93.86± 0.77	91.07± 3.70	92.39± 0.32

注：ND 表示不可测量，SFA 为饱和脂肪酸，MPUFA 为单不饱和脂肪酸，PUFA 为多不饱和脂肪酸，UFA 为不饱和脂肪酸。在不同屠宰体重相同部位肌肉中，同一行肩注不同小写字母表示差异显著（$P<0.05$），大写字母表示差异极显著（$P<0.01$），相同或无字母表示差异不显著，下表同。

表 2-11 不同屠宰体重的东海淮猪肌肉氨基酸组成和含量

氨基酸	一号肉		二号肉		三号肉		四号肉	
	98kg	80kg	98kg	80kg	98kg	80kg	98kg	80kg
天门冬氨酸 (g/100g)	1.93± 0.11	2.25± 0.10	2.13± 0.12	2.18± 0.09	2.18± 0.17	2.33± 0.11	2.11± 0.09	2.26± 0.04
苏氨酸 (g/100g)	0.96± 0.02	0.98± 0.04	1.00± 0.04	1.07± 0.01	1.04± 0.06	1.12± 0.03	0.95± 0.04	1.03± 0.02
丝氨酸 (g/100g)	0.71± 0.02[A]	0.83± 0.02[B]	0.76± 0.04	0.85± 0.01	0.78± 0.05	0.87± 0.01	0.75± 0.04	0.85± 0.00
谷氨酸 (g/100g)	2.74± 0.05	2.96± 0.08	2.94± 0.15	3.05± 0.04	3.03± 0.18	3.16± 0.04	2.82± 0.06[a]	3.03± 0.06[b]
甘氨酸 (g/100g)	1.00± 0.06	1.08± 0.04	1.00± 0.07	1.04± 0.04	0.99± 0.07	1.11± 0.03	1.06± 0.04	1.12± 0.04
丙氨酸 (g/100g)	1.19± 0.03	1.23± 0.02	1.21± 0.05	1.27± 0.02	0.99± 0.07	1.11± 0.02	1.18± 0.03[a]	1.27± 0.02[b]
胱氨酸 (g/100g)	0.22± 0.02	0.28± 0.04	0.18± 0.02	0.2± 50.04	0.16± 0.02[a]	0.29± 0.04[b]	0.18± 0.03	0.27± 0.04
缬氨酸 (g/100g)	0.90± 0.05[A]	1.20± 0.05[B]	1.02± 0.08	1.17± 0.05	1.04± 0.09[a]	1.31± 0.05[b]	1.05± 0.09	1.19± 0.04
蛋氨酸 (g/100g)	0.49± 0.04[a]	0.64± 0.02[b]	0.58± 0.01	0.61± 0.02	0.60± 0.03[a]	0.70± 0.02[b]	0.58± 0.03	0.65± 0.01

（续）

氨基酸	一号肉		二号肉		三号肉		四号肉	
	98kg	80kg	98kg	80kg	98kg	80kg	98kg	80kg
异亮氨酸 (g/100g)	1.05± 0.06	1.21± 0.08	1.19± 0.09	1.20± 0.06	1.22± 0.10	1.32± 0.06	1.17± 0.07	1.22± 0.03
亮氨酸 (g/100g)	2.00± 0.09	2.32± 0.11	2.20± 0.14	2.23± 0.08	2.25± 0.16	2.44± 0.09	2.19± 0.10	2.31± 0.04
酪氨酸 (g/100g)	0.65± 0.08	0.89± 0.07	0.79± 0.08	0.80± 0.06	0.77± 0.07	0.91± 0.07	0.82± 0.09	0.86± 0.05
苯丙氨酸 (g/100g)	0.91± 0.05[a]	1.10± 0.03	1.03± 0.09	1.07± 0.07	0.98± 0.07	1.14± 0.05	1.00± 0.07	1.16± 0.05
赖氨酸 (g/100g)	1.81± 0.11[a]	2.33± 0.10	2.08± 0.14	2.25± 0.09	2.11± 0.17	2.49± 0.09	2.12± 0.14	2.32± 0.07
色氨酸 (g/100g)	0.36± 0.02	0.58± 0.13	0.37± 0.03	0.47± 0.03	0.40± 0.06	0.55± 0.09	0.40± 0.03	0.47± 0.05
组氨酸 (g/100g)	0.88± 0.05	0.88± 0.10	0.90± 0.05	1.03± 0.05	1.09± 0.10	1.16± 0.05	0.87± 0.03	0.97± 0.05
精氨酸 (g/100g)	1.36± 0.04	1.51± 0.05	1.44± 0.10	1.50± 0.04	1.48± 0.12	1.60± 0.05	1.43± 0.06	1.53± 0.02
脯氨酸 (g/100g)	0.68± 0.04	0.54± 0.09	0.72± 0.12	0.56± 0.06	0.60± 0.07	0.57± 0.06	0.69± 0.13	0.62± 0.09
鲜味氨基酸 (g/100g)	6.82± 0.18[a]	7.51± 0.022[b]	7.27± 0.39	7.51± 0.18	7.45± 0.48	7.94± 0.18	7.19± 0.17	7.68± 0.05
必需氨基酸 (g/100g)	8.39± 0.33[a]	9.80± 0.40b	9.28± 0.55	9.68± 0.28	9.41± 0.64	10.51± 0.32	9.20± 0.43	9.96± 0.14
氨基酸总量 (g/100g)	19.39± 0.75	22.20± 1.00	20.98± 1.13	22.07± 0.52	21.55± 1.43	23.86± 0.74	20.99± 0.86	22.65± 0.19
必需氨基酸与氨基酸总量比值（%）	43.26± 0.10	44.4± 0.17[B]	44.22± 0.58	48.85± 0.42	43.76± 0.11	44.06± 0.16	44.79± 0.55	43.96± 0.44
鲜味氨基酸与氨基酸总量比值（%）	35.20± 0.47	33.9± 1.55	34.68± 0.38	34.01± 0.27	34.56± 0.12[b]	33.3± 0.44[b]	34.33± 0.56	33.94± 0.39

注：同行肩标小写字母不同表示差异显著（$P<0.05$），大写字母不同表示差异极显著（$P<0.01$）。

4. 相同屠宰体重的东海淮猪不同部位肌肉脂肪酸含量的比较　比较相同屠宰体重的东海淮猪不同部位肌肉脂肪酸含量的差别，发现屠宰体重为 98kg 的淮猪，其饱和脂肪酸、单不饱和脂肪酸和脂肪酸总量在各部位猪肉中差异不显著，但在二号肉、三号肉中的含量均有高于一号肉和四号肉的趋势。在 80kg 屠宰体重的淮猪中，二号肉中的饱和脂肪酸、单不饱和脂肪酸、脂肪酸总量均高于一号肉、三号肉、四号肉中的含量；二号肉中的多不饱和脂肪酸含量均低于其他部位的猪肉，但差异均不显著（$P > 0.05$）。

5. 相同屠宰体重的东海淮猪不同部位肌肉中氨基酸含量的比较　比较相同屠宰体重的东海淮猪不同部位肌肉中氨基酸含量的差别，发现屠宰体重为 98kg 的淮猪，其 4 个部位猪肉所含的鲜味氨基酸、氨基酸总量和必需氨基酸含量有以下的趋势：三号肉＞二号肉＞四号肉＞一号肉；屠宰体重为 80kg 的淮猪，其三号肉中鲜味氨基酸、氨基酸总量、必需氨基酸的含量在 4 个部位猪肉中均最高，但差异均不显著（$P > 0.05$）。

第三章
品 种 保 护

第一节　保种概况

江苏东海种猪场（江苏东海老淮猪产业发展有限公司）位于江苏省东北部的连云港市东海县，成立于 1958 年，是江苏省在新中国成立初期建设的三个省级重点种猪场之一，现为"国家级黄淮海黑猪（淮猪）保种场"。

全场占地面积 335hm²，现有总计占地 20.1hm² 的猪场 3 个，其中淮猪遗传资源保护场 1 个、淮猪扩繁场 1 个、淮猪育肥场 1 个，猪舍 36 栋，面积 18 000 余 m²。猪场被农田包围，养殖环境好，周围 5km 无大型污染企业。猪场购置了智能 B 超仪、测定设备及生猪笼秤、人工授精等仪器设备。除猪场外，配套建设了万吨饲料加工厂、十万头淮猪屠宰厂、5 家东海淮猪肉专卖店和中国淮猪资源文化馆和以东海淮猪肉为主体打造的体验馆，形成了完整的文化产业链条。现有员工 116 人，具有初级以上技术职称者 13 人，其中畜牧兽医专业技术人员 8 人。

一、淮猪群体状况

现存栏淮猪种群规模为 982 头，其中保种群母猪 530 头，公猪 58 头，存栏商品猪 8 327 头。头胎母猪胎均产仔 9.5 头，经产母猪产仔 13.5 头，最高产仔 21 头。淮猪育肥猪育肥期日增重 387g，料重比（4.2～4.5）：1。最佳屠宰时间为 10.5 月龄，屠宰体重 80kg，屠宰率 71%～73%，胴体瘦肉率 42%～45%，肌肉脂肪含量 3.5%～5%，最高达 7.5%。

二、建立了保种场、扩繁场、育肥场相结合的保种体系

建立以保种场为核心、扩繁场及育肥场相结合的保种模式，形成淮猪"保

种场→育种扩繁场→商品场"宝塔形的良种繁育体系。保种场 300 头淮猪母猪规模（6 个公猪家系），扩繁场 600 头母猪规模，商品育肥场 600 头母猪规模，3 个场分开管理运行，确保种质资源安全性。

三、形成以开发促进保种的良性循环模式

自 2004 年开始，东海种猪场就确定走高端猪肉市场的淮猪产业开发之路。2005 年仅有育肥淮猪 300 头，淮猪肉价格 40 元/kg；2007 年年出栏商品淮猪 1 000 余头，销售价格达 50 元/kg；2008 年销售价格 60 元/kg；2010 年年出栏商品淮猪 2 000 头左右，销售价格 80 元/kg；2013 年出栏商品淮猪 3 000 头左右，销售价格达到 120 元/kg；2014 年出栏商品淮猪 5 000 余头。以后稳定在年出栏 10 000 头左右。

东海淮猪是我国著名的优良地方猪种，具有繁殖力高、耐粗饲、抗病力强等特性。东海淮猪肉质鲜美，香味浓郁，素有"一家食肉满村香"的美誉。东海种猪场在全国养殖行业中率先提出了"以养为荣，以治为耻""猪幸福我幸福，猪快乐我快乐！"的生态健康福利养殖理念，采取半开放式、放牧式饲养管理模式并实行商品猪饲养全程禁药制度。东海种猪场 2003 年注册了"古淮"牌商标；2004 年东海（老）淮猪肉获农业部无公害农产品认证；2007 年古淮牌猪肉获江苏名牌农产品认证；2009 年东海（老）淮猪肉获中国绿色食品和中国地理标志保护产品认证；2012 年东海（老）淮猪肉获连云港市名牌产品和江苏名牌产品认证。

2014 年东海种猪场获得世界农场动物福利协会授予的五星级"国际福利养殖金猪奖"。该场先后制定并颁布了《淮猪》等 5 个企业标准及《地理标志保护产品·东海（老）淮猪肉》《淮猪生产技术规程》省级地方标准，先后获得省市级农业科技成果奖 3 项、中华农业科技奖三等奖 1 项，连云港市科技进步一等奖 1 项、三等奖 1 项。此外，古淮牌猪肉荣获"最具品牌价值奖""江苏名牌农产品""苏货好产品"。东海种猪场获江苏省重点龙头企业、连云港市龙头企业等称号，被农业部确定为"国家畜禽遗传资源保种场""国家级生猪标准化示范场""国家级淮猪养殖标准化示范区"等，并通过了 ISO 9001 质量管理体系认证。根据统计，2003—2016 年东海种猪场获得国际奖 1 个，国家级奖 28 个，省级奖 24 个。淮猪品牌在省内外有了一定知名度，产生了较好的经济效益和社会效益。产业开发有了经济效益，促进了保种工作，保种工作又

为产业开发提供了支撑。

四、在保种和生产中应用福利养猪技术

江苏东海种猪场与江苏省农业科学院合作，针对淮猪的特点和习性，开展了淮猪福利饲养技术研究，福利饲养技术包括不用限位栏、不剪牙、不断尾、不用抗生素、半舍饲半放牧、提供玩具和垫草、提供青粗饲料、听音乐等，边研究边示范，成效显著。成年公猪每天早晨饲喂2个鸡蛋以保证精子质量，达到"公猪好好一坡"的目标。母猪采取产前产后增加营养的办法，如补充刀鱼、黄豆浆、花生米混合而成的特殊营养餐及各种青饲料。整个哺乳期间全程采用麦草作为垫草，哺乳后期采用厚木板垫在水泥地面上用于母猪休息。

第二节　保种目标

2003年农业部将淮猪列入国家级保种名录。东海县政府十分重视淮猪保种工作，在农业部和江苏省农林厅的支持下，建立了"国家级黄淮海黑猪（淮猪）保种选育基地"。至2005年底存栏淮猪母猪153头，种公猪12头。2008年农业部将江苏东海种猪场列为"第一批国家级黄淮海黑猪（淮猪）保种场"（编号：C3201011）。

近几年来，江苏东海种猪场严格按照农业部保种目标要求，开展淮猪的保种选育与种群扩繁工作，不断扩大猪群规模，并积极向社会推广。现东海县存栏淮猪种猪2 200多头，年纯繁东海淮猪4万多头。至2010年，已建成国家级黄淮海黑猪（淮猪）保种场1个，存栏淮猪550头，其中保种群淮猪母猪200头，淮猪公猪27头，6个血统；扩繁群淮猪母猪350头，淮猪公猪15头。2007年建立了以东海种猪场为主要成员的苏东淮猪养殖专业合作社，主要饲养淮猪，为建立淮猪国家级保护区创造条件。在东海县苏东淮猪养殖专业合作社的引导下，以江苏东海种猪场为首的淮猪养殖企业和养殖户正在积极扩大生产规模。着手在东海县以东海种猪场为中心、30km半径范围内的牛山、白塔埠、驼峰、房山、双店、石湖、洪庄、石榴8个乡镇所属村为基地，选择符合防疫和环保要求，空气、水质符合无公害，甚至绿色食品要求，建筑布局和污水、污物处理符合国家环保要求的养猪小区、养猪场、养猪大户建立东海淮猪

生产基地，实行"六统一"的饲养模式，即统一品种、统一饲料供应、统一技术服务、统一消毒防疫、统一饲养管理、统一收购加工，年饲养东海淮猪 10 万头。

一、保种原则

保持保种目标性状不丢失、不下降，控制、减缓保种群近交系数增量。

二、保种目标

1. 产仔数　初产母猪总产仔数 9 头左右，3 胎以上的经产母猪的总产仔数 13 头左右。

2. 体重体尺　成年公猪体重 120～150kg，成年母猪体重 80～130kg。成年猪 36 月龄时，体重 130kg，体长 130cm，胸围 125cm，体高 75cm。

3. 生长肥育及屠宰肉质性状　肥育猪 20～75kg 阶段，平均日增重 430g，料重比 3.66：1。宰前活重 86.00kg 时，屠宰率 70.79%，瘦肉率 44.89%，第 6～7 肋背膘厚度 37mm，肌肉脂肪含量 3.5%～5%。肉色鲜红色或深红色，大理石纹明显，肉质优。

4. 其他性状　抗逆性好、耐粗饲。

三、保种数量

保种群母猪 300 头左右，三代之内没有血统关系的公猪家系 6 个。

第三节　保种技术措施

一、种公猪、种母猪的选择

（一）体型外貌

被毛黑色。头部面额皱纹浅而少，嘴筒较长而直，耳稍大下垂；腰背窄平，部分猪微凹，腹部较紧，不拖地；臀部斜削；四肢较高且结实，稍卧系。

（二）母猪乳房和乳头

母猪乳头 8～10 对，排列整齐均匀。淘汰"木奶头""瞎奶头"及"副乳头"。

（三）外生殖器

种公猪外生殖器发育良好，睾丸应大而明显，单睾和隐睾都不应留作种用。母猪阴户发育应与年龄和体重相适应。

二、选配方法

在控制近交系数的条件下，公猪与母猪不完全随机交配。以本交为主，避免全、半同胞的不完全随机交配；保种群按血缘关系把母猪相应分成6组（亲缘关系近的分在一组），采用与公猪轮回交配的方法进行世代延续。

三、保种方式

保种场饲养公猪12头（6个家系，每个家系2头公猪），母猪300头左右。

（一）公母比例与世代间隔

保种群公母比例1∶30，采用家系等量留种方式。尽量延长保种群中种猪的利用时间，降低淘汰率。采用第三胎或第四胎留种，使其世代间隔延长至3～4年。

（二）后备猪选留

1. 种公猪的选留　根据外貌、父母性状以及本身的生长发育、外生殖器发育情况挑选后备公猪，单睾或隐睾都不能留作种用。后备公猪留种比例（8～10）∶1，6～8月龄初配，12月龄以上合格的转入保种群配种，30月龄后的公猪转入生产群配种。

2. 种母猪的选留　一般采取"断奶窝选、初配个体选、一二胎不留种、三四胎留种"的原则。母猪一般繁殖六胎以后出售或淘汰，个别优秀个体亦可繁殖八胎以后淘汰。保种群淘汰比例为30％。

后备母猪的选留要求：个体符合标准特征，后备母猪留种比例（3～4）∶1。

（三）保种技术档案

保种场建立了连续完整的原始记录档案，内容包括配种记录、母猪生产哺乳记录（仔猪初生、断奶时个体体重）、种公（母）猪卡、群体世代系谱、饲料消耗记录、防疫和诊疗记录等。在此基础上，建立或完善品种登记制度。

四、性能测定

每两年进行一次性能测定，在相对集中的条件下对淮猪实行同胞测验和个体性能测验，其目的是在相对标准的、统一的和长期稳定的环境下，使被测定猪能充分发挥其遗传潜力，从而对其性能做出客观而公正的评价。对幼猪进行群饲管理，定期称量活重，结束后进行活体测量背膘厚，计算测验期平均日增重和个体饲料消耗。进行屠宰测定，观测其屠宰性能和胴体品质，包括屠宰率、胴体瘦肉率、背膘厚度、眼肌面积、pH、肉色等。

五、保种效果监测

对每个世代保护品种的不同性状进行记录，监测本品种资源特征性状及生产性能性状的变化情况。

第四章
品 种 繁 育

第一节　生殖生理

淮猪性成熟早。据陈樵 1982 年在《江苏省猪品种志》记述，初情期范围为 57～107 日龄，体重为 12.81kg。发情周期为 14～30d，发情持续期为 2～5d，大多数为 3～4d。妊娠期为 110～125d。农村饲养的淮猪在 6～7 月龄、体重 40～50kg 时初配，公猪利用年限 4～6 年，母猪利用年限 4～8 年。

据陈樵 1982 年在《江苏省猪品种志》记述，1980 年对赣榆县食品公司塔山良种场 69 头次淮猪母猪的繁殖性能调查结果如表 4-1 所示。

表 4-1　淮猪母猪的繁殖性能

胎次	窝数	初生		56 日龄断奶		
		平均总产仔数（头）	平均产活仔数（头）	平均体重（kg）	平均头数（头）	平均窝重（kg）
1	20	6.95	5.84	0.90	4.45	60.5
2	19	9.58	9.39	0.98	9.20	97.30
3	20	9.90	9.26	0.86	7.96	109.80
4	21	11.40	10.62	0.87	10.06	135.50
5	24	11.79	11.35	0.865	8.89	95.40
6	25	14.16	12.67	0.805	10.27	118.20
7	25	12.40	11.68	0.78	10.14	112.59
8	18	14.33	13.0	0.785	10.99	119.65
9	17	14.52	14.46	0.675	9.93	117.70
10	5	13.40	12.60	0.835	10.80	119.90

根据 2006 年对东海种猪场的调查，42 头母猪，第一胎平均产仔 9.31 头，产活仔 8.76 头；3～9 胎平均产仔 13.18 头，产活仔 12.14 头，初生仔猪平均体重为 0.8～0.85kg。经产母猪的平均 60 日龄断奶仔猪数为 10.54 头，平均断奶窝重为 115.99kg。

2018 年江苏东海老淮猪产业发展有限公司猪场统计的母猪繁殖性能见表 4-2。

表 4-2　淮猪母猪的繁殖性能（2018 年）

胎次	窝数	初生			40 日龄断奶	
		总产仔数（头）	产活仔数（头）	个体重（kg）	头数（头）	窝重（kg）
1	70	7.3	7.0	0.93	6.3	40.95
2	70	11.0	10.0	0.97	9.0	61.20
3～6	65	12.4	11.8	0.99	10.8	77.76
7 胎及以上	60	12.0	11.0	0.98	9.9	70.29

第二节　种猪选择与培育

一、种猪选择

（一）种猪采用阶段选留法留种

1. **第一阶段**　在 45 日龄断奶后进行。根据仔猪的发育状况，选留发育良好的个体。每窝中选留 1 头公猪和 3 头母猪。

2. **第二阶段**　3 月龄保育结束时进行。根据仔猪的生长发育状况，每一个公猪血统选留 3 头小公猪，每窝母猪选留 2 头小母猪。

3. **第三阶段**　6 月龄时进行。根据选留仔猪的发育和体型外貌，选留符合品种特征的个体。每一个公猪血统选留 2 头后备公猪，从全部小母猪中选留 2/3。

4. **第四阶段**　配种前进行。根据日增重、背膘厚和产活仔数等性状制订的选择指数选留个体。每一个公猪血统选留 2 头公猪（一头使用，另一头备用），母猪选留 300 头组成新的世代群，进入配种。

（二）体型外貌选择

1. **乳房和乳头**　选择种母猪时要特别关注乳房和乳头情况，这关系到母猪哺育仔猪的能力。乳头数多就有哺育较多仔猪的潜力，还要注意乳头的位置和形状，排列要整齐均匀。乳头前后之间距离要合适，使仔猪吮乳时不至于太挤；左右之间宽窄也要适度，太窄则仔猪够不着乳头，太宽则母猪躺下时可能压着乳头，均不利于仔猪吮乳。乳头的粗细和长短都应适中，过于粗短的"木奶头"、没有乳管的"瞎奶头"、夹在两个乳头之间的"副乳头"或"鬼子乳头"等都是不良的。

2. 后肢和臀部　后肢和臀部是猪肉价值最高的部位之一，其中的瘦肉量占整个胴体的首位，应选择后肢和臀部宽而丰满的猪。

3. 外生殖器　作为种公猪，其外生殖器必须发育良好。睾丸应大而明显，两侧对称，阴囊附于体壁，单睾和隐睾都不应留作种用。母猪的阴户发育过小是迟熟的表征，严重的甚至不育。阴户还应上翘，俗话说"生门向上者易孕"。

二、种猪培育

（一）种公猪培育

1. 品种特征　种公猪首先必须具备典型的品种特征，如毛色、耳形、头形、体型外貌等，必须符合本品种的种用要求，尤其是纯种公猪的选择。

2. 体躯结构　种公猪的整体结构要匀称，头颈、前躯、中躯和后躯结合自然、良好，眼观有非常结实的感觉。头大而宽，颈短而粗，眼睛有神，胸部宽而深，背平直，身腰长，腹部大小适中，臀部宽而大，尾根粗，尾尖卷曲，摇摆自如而不下垂，四肢强壮，姿势端正，蹄趾粗壮、对称，无跛蹄。

3. 性特征　种公猪要求睾丸发育良好、对称，轮廓清晰，无单睾、隐睾，包皮积尿不明显。性机能旺盛，性行为正常，精液品质良好。腹底线分布明确，乳头排列整齐，发育良好，无翻转乳头和副乳头，且具有 8 对及其以上。

4. 生产性能　种公猪的某些生产性能，如生长速度、饲料转化率和背膘厚度等，都具有中等到高等的遗传力。因此，被选择的公猪都应该在这方面确定它们的性能，选择具有最高性能指数的公猪作为种公猪。

5. 个体生长发育　个体生长发育选择是根据种公猪本身的体重、体尺发育情况，测定种公猪不同阶段的体重、体尺变化速度，在同等条件下选育的个体，体重、体尺的成绩越好，种公猪的等级越高。对幼龄小公猪的选择，生长发育是重要的选择依据之一。

6. 系谱资料　利用系谱资料进行选择，主要是根据亲代、同胞、后裔的生产成绩来衡量被选择公猪的性能。具有优良性能的个体，在后代中能够表现出良好的遗传素质。系谱选择必须具备完整的记录档案，根据记录分析各性状逐代传递的趋向，选择综合评价指数最优的个体留作种公猪。

7. 饲养管理　后备种公猪要与后备母猪分开饲养；配种公猪对营养水平的要求比妊娠母猪高，蛋白质、各种必需氨基酸、各种矿物质和维生素的不足，会延缓性成熟、降低性欲，降低种公猪的精液量、精液浓度和精子数，以至降低种公猪的繁殖力；种公猪的日粮要以精料为主，中等体重的成年种公猪日喂料量 2kg 左右，以保持种公猪的体况不肥不瘦、精力旺盛为原则。在严寒的冬季饲喂量要增加 10%～20%，配种旺季日粮中应搭配鱼粉、鸡蛋等动物性饲料以提高性欲和精液质量。饲喂方法一般采取每日早晚各喂 1 次。

8. 合理利用　正确地利用公猪将有助于延长种用寿命，利用不当不仅缩短种用年限，也会提高种猪的培育成本。要最大限度地发挥优秀公猪的作用，合理利用至关重要。

（1）初配年龄和体重　适宜的配种期，有利于提高公猪的种用价值。过早使用会影响种公猪本身的生长发育、缩短利用年限。过晚配种会引起公猪性欲减退，影响正常配种，甚至失去配种能力，且优秀公猪不能及时利用。初配月龄应在 8 月龄以上，体重达到 60kg 以上为好，膘情应以七成膘为宜。

（2）性行为　公猪在性成熟后，就会出现性行为，主要表现在求偶与交配方面。求偶行为的表现是：特有的动作，如拱、推、磨牙、口吐白沫、嗅等；特有的声音，如在做出动作的同时发出不连贯的有节奏的、低柔的哼哼声；释放气味，如由包皮排出的外激素物质，具有刺鼻的气味，以刺激母猪嗅觉。

（3）交配行为与调教　交配是动物的一种本能行为，但也有一部分是经过训练的。青年公猪初次交配缺乏经验，交配行为不正确，如有的公猪爬跨到母猪前部，对这种猪应予以调教。可使初配公猪与发情盛期的经产母猪交配，容易成功；或将配种场地移至公猪舍前，让青年公猪能够观摩到有经验公猪的正确交配行为。配种时应给予一定的人工协助，如纠正爬跨姿势、帮助青年公猪将阴茎插入母猪阴道等。经过一段时间的学习后，交配行为会逐渐完善。调教初期应尽量使用处于发情盛期的小母猪来训练小公猪爬跨，调教应在固定、平坦的场地，早晚空腹时进行，每次 10～15min 为宜。

种公猪有时会产生一些异常性行为，对于性行为异常的公猪给予定期交配或采精，在交配时给予人辅助，或保证每天运动可得到纠正。若经反复调教得不到纠正，应予淘汰。

(二) 种母猪培育

1. 品种特征　要求后备母猪具备优良遗传性能，符合品种特征。体况中等偏上，身体发育良好，体格较长，有效乳头 7 对以上且排列整齐、均匀；性格温驯，母性好，抗逆性强，采食快，不挑食；生长速度快，饲料报酬高，背膘薄，瘦肉率高，窝产仔数多。

2. 饲养管理　要养好后备母猪，前期进行自由采食，后期进行限饲，日喂饲料每头 2kg 左右，并添加青绿饲料，不能使体况过肥，否则影响繁殖性能。

3. 合理安排配种季节　10 月配种，翌年 1—2 月产仔；2—3 月再配种，6—7 月产仔，如此安排，可使母猪一年产 2.2 窝左右。种母猪宜在发情后 2～3d 配种，配种时遵循"老配早、小配晚、不老不小配中间"的原则。多年的实践证明，交配在早晚饲喂前进行，可确保受胎率达 85％以上。

4. 接产　准备好热开水、盆、毛巾（擦拭母猪的乳房用）、纸（擦拭仔猪身上和口中的黏液用）、止血钳、剪子（剪仔猪脐带用）、高锰酸钾（给母猪乳房和阴部消毒用）、碘酊（给仔猪剪脐带时消毒用）、保温箱。

5. 提高仔猪成活率的措施

（1）母猪饲喂　在妊娠后期和哺乳期的母猪饲料中适当加入脂肪，能提高泌乳量和初乳中的脂肪含量，可提高体重较小仔猪的存活率。

（2）分娩监控　如果仔猪出生时间间隔超过 30min，需要关注和干预，可以通过常规助产术来处理，谨慎使用催产素，否则会对母猪有影响。活力低的仔猪要帮助固定乳头，让它们食入足够的初乳。

（3）温度　过高的温度会减少母猪的采食量，温度太低仔猪会体温降低，同时减少初乳的摄入量。仔猪超过 2 日龄，产房的温度应当降到 20℃左右。仔猪应有保温箱。

（4）初乳　仔猪出生后 6～12h 需要食入足够的初乳。仔猪的免疫系统还没有发育成熟，所以它们的抵抗力主要依赖于初乳中的免疫球蛋白。母猪带的仔猪数不要超过有效乳头数。14 日龄后开始补料。

（5）寄养　在仔猪出生后尽快进行寄养操作。24h 内调栏，让每头母猪带的仔猪都有接近的体重。

（6）防止挤压　出生后的前 3d 仔猪喜欢一起依偎在母猪边上。建议在饲喂母猪时把它们关进保温箱。在母猪吃完后或者 1h 内把它们放出来。

母猪正常自然产仔不需要人工助产，只做好仔猪处理就可以了。如遇母猪难产，则需要助产。

第三节　种猪性能测定

性能测定是对种猪质量进行评估的有效方式，也是育种的基础。准猪的性能测定是指在相对集中的条件下对猪实行后裔测验、同胞测验和个体性能测验，其目的是在相对标准的、统一的和长期稳定的环境下，使被测定猪能充分发挥其遗传潜力，从而对其性能做出客观而公正的评价，为保种和生产提供可靠可信的依据。

一、个体标识

1. 种猪个体编号系统　个体编号参考全国统一的种猪编号方法，编号由 15 位字母和数字构成（图 4-1），编号原则为：前 2 位用英文字母表示品种；第 3～6 位用英文字母表示场号；第 7 位用数字或英文字母表示分场号；第 8～9 位用公元年份最后两位数字表示个体出生时的年度；第 10～13 位用数字表示场内窝序号；第 14～15 位用数字表示窝内个体号；个体编号用耳标加刺标或耳缺做双重标记，耳标编号为个体编号第 3～6 位字母（即场号），加个体编号的最后 6 位。

品种		场号				分场	出生年度		场内窝号				窝内个体	
1	2	3	4	5	6	7	8	9	10	11	12	13	14	15

图 4-1　种猪个体编号

2. 耳缺剪法　耳缺剪法如图 4-2 所示（场内窝号＋个体号），猪右耳打孔表示场内窝号 4000，左耳打孔表示场内窝号 2000；个体号是猪左耳下边缘和耳尖耳缺的累计值，场内窝号是除个体号耳缺的其他所有耳缺的累计值。

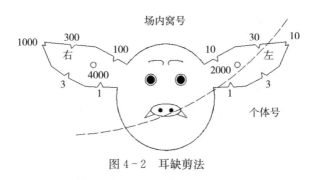

图4-2 耳缺剪法

二、测定性状

种猪性能测定性状见表4-3。

表4-3 性能测定性状

测定类别	测定项目
繁殖性能	总产仔数
	活产仔数
	初生重
	断奶窝重
生长发育与育肥性状	体重
	体尺
	日增重
	活体膘厚
	活体眼肌面积
	饲料利用率
胴体性状	胴体重
	屠宰率
	胴体膘厚
	皮厚
	眼肌面积
	腿臀比例
	胴体皮率、骨率、肥肉率和瘦肉率
肌肉品质	肉色
	大理石纹
	肌肉 pH
	系水力
	肌肉脂肪含量
	肌肉嫩度
	熟肉率

三、测定流程与方法

（一）测定对象

1. 测定对象　后备公猪、后备母猪、繁殖母猪群、生长育肥猪。

2. 受测猪要求

（1）受测猪必须是来自核心群的后代，血缘清楚，符合本品种特征。个体编号和父母亲个体编号必须准确无误，出生日期、断奶日期等记录完整，并附有三代以上系谱记录。

（2）受测猪必须健康、生长发育正常，无外形缺陷和遗传缺陷、肢蹄结实；在测定 1 周之前完成常规免疫和体内外驱虫。

（二）测定条件

（1）测定舍　测定舍的环境条件应一致，温度 15～24℃，相对湿度 60％～80％，通风良好。

（2）测定设备　笼秤 50kg 和 200kg 的各一台，B 超和自动计料系统（或全自动种猪生产性能测定系统）。

（3）测定人员　有专职的测定员。

（4）饲养管理　受测猪应由技术熟练的饲养员喂养，饲养员和测定员保持相对稳定。做好测定舍的温湿度控制，采用自由采食、自由饮水的饲喂方式。饲料营养水平保持一致，保证饲料质量。

（5）规章制度　建立严格的性能测定制度和档案管理制度。

（三）繁殖性能

1. 总产仔数测定　出生时同窝的仔猪总数，包括死胎、木乃伊和畸形猪在内。记录总产仔数的同时记录母猪胎次。

2. 产活仔数测定　出生 24h 内同窝存活仔猪数，包括衰弱和濒死的仔猪在内。记录时按胎次、窝进行。

3. 初生重和初生窝重测定　于仔猪出生 12h 内称量存活仔猪的个体重。全窝存活仔猪个体重之和为初生窝重。

4. 断奶窝重测定　断奶时的全窝仔猪的总重量，包括寄入的仔猪，寄出的仔猪体重不计在内。

（四）生长发育与育肥性状

1. 体重　早晨空腹（禁食12h后）的重量。用灵敏度为0.1kg的磅秤逐头称取，重量单位用千克（kg），小数点后保留一位数。

2. 体尺

（1）猪站立姿势要求　测量体尺时，猪需端正自然地站在平坦、坚实的地面上，前后肢和左右肢分别处在一条直线上，头部应自然前伸。

（2）测量方法

体高：测鬐甲最高点到地平面的垂直距离（cm）。

体长：测两耳根连线中点沿背线至尾根处的长度（cm）。

胸围：测肩胛骨后缘做垂线绕体躯一周的长度（cm）。

腹围：测十字部（髋结节）前缘腹部的周长（cm）。

3. 生长育肥性能

（1）预饲　受测猪应于90日龄左右，体重达20～25kg时转入测定舍，按体重、性别分群，每圈10～15头。进入正式测定前应进行7～10d的预饲。受测猪群的系谱等档案资料随受测猪群转交给测定员保管。

（2）始测　受测猪体重达到20kg左右时，用笼秤称量个体重，并记录。

（3）末测　当受测猪体重达到75kg左右时称重并用B超测定背膘厚和眼肌面积。计算平均日增重、饲料利用率。

平均日增重指在测定期内平均每天增加的体重。计算公式为：

$$平均日增重=\frac{终末体重-初始体重}{测定期总天数}$$

饲料利用率（料重比）计算公式如下：

$$饲料利用率=\frac{测定期总耗料量（指精料，kg）}{测定期总增重（kg）}\times100\%$$

（五）胴体性状

1. 测定前的处理

（1）猪空腹24h，期间供给其充足的饮水，控制打斗。

（2）空腹后体重（宰前体重）要求瘦肉型猪为75kg左右。

（3）放血部位　由猪咽喉正中偏右3～3.5cm进刀刺入心脏附近，割断前腔动脉或颈动脉，但不刺破心脏，保证放血良好。

（4）烫毛、脱毛　将屠体在60～68℃热水中浸烫4～8min，然后脱毛（不要往皮下吹气）。

（5）去头　沿耳根后缘及下颌第一条横褶切开，断离寰枕关节将头切下。

（6）开膛　用刀自肛门起沿腹中线至咽喉左右平分剖开体腔，摘除肾脏和板油以外的全部内脏。

（7）劈半　用刀沿脊柱划开背部皮和脂肪，再用砍刀沿脊椎骨劈成左右对称、背线切面整齐的两半。

（8）去蹄　将前肢腕关节和后肢跗关节以下部分切下。

（9）去尾　紧贴肛门，从尾根深皱纹处将尾切下。

2. 测定方法

（1）胴体重　猪屠宰放血、去毛、去头、去蹄、去尾、去内脏（留肾脏及板油）后的重量，单位为千克（kg）。

（2）屠宰率　胴体重占宰前体重的百分率。计算公式如下：

$$屠宰率 = \frac{胴体重}{宰前体重} \times 100\%$$

（3）胴体长　在将左边胴体倒挂状态下用软尺（皮尺）测定其斜长和直长，单位为厘米（cm）。斜长是从耻骨联合前缘中点到第一肋骨与胸骨结合处的直线长度。直长是从耻骨联合前缘中点到第一颈椎凹陷处的直线长度。

（4）膘厚　用游标卡尺垂直于背中线测定第6～7胸椎间的皮下脂肪厚度，单位为毫米（mm）。或测定平均膘厚，即测定肩部膘厚（在肩部最厚处测定的皮下脂肪厚度）、胸腰结合处膘厚（在最后肋骨处测定的皮下脂肪厚度）和腰荐结合处膘厚（在髋结节处测定的皮下脂肪厚度）之后，取上述三点膘厚的平均值，单位为毫米（mm）。

（5）皮厚　用游标卡尺测量胴体背中线第6～7肋骨处皮肤的厚度，单位为毫米（mm）。

（6）眼肌面积　在胴体胸腰椎结合处垂直切断背最长肌（眼肌），用硫酸纸覆盖于眼肌横断面上，用深色笔沿眼肌边缘描出眼肌轮廓，用求积仪求出眼肌的面积，单位为平方厘米（cm²）。或用游标卡尺测量眼肌的最大高度和宽度，求得眼肌面积，计算公式如下：

$$眼肌面积（cm^2）＝高度（cm）×宽度（cm）×0.7$$

（7）腿臀比例　从胴体倒数第 1、2 腰椎间垂直切下的后腿和臀部重量占胴体重量的百分比，计算公式如下：

$$腿臀比例＝\frac{左边胴体腿臀重量}{左边胴体重量}×100\%$$

（8）胴体皮率、骨率、肥肉率和瘦肉率　把左边胴体皮、骨、肥肉、瘦肉剥离。肌间脂肪不另剥离算作瘦肉，皮肌（包括腹部和大腿部皮肌）不另剔除算作肥肉，软骨和肌腱算作瘦肉，骨上的肌肉应剥离干净。剥离损耗应不超过 2%。把剥离后的皮、骨、肥肉、瘦肉分别称重。胴体的皮率、骨率、肥肉率和瘦肉率计算公式如下：

$$皮率＝\frac{皮重}{皮重＋骨重＋肥肉重＋瘦肉重}×100\%$$

$$骨率＝\frac{骨重}{皮重＋骨重＋肥肉重＋瘦肉重}×100\%$$

$$肥肉率＝\frac{肥肉重}{皮重＋骨重＋肥肉重＋瘦肉重}×100\%$$

$$瘦肉率＝\frac{瘦肉重}{皮重＋骨重＋肥肉重＋瘦肉重}×100\%$$

（六）肌肉品质（肉质性状）

1. 肌肉颜色（肉色）　在猪被屠宰后 1～2h 内，取胸腰椎结合处背最长肌鲜样，平置于白色瓷盘中，在室内正常光照条件下（不得在强光直射下或阴暗处），对照 5 分制肉色比色板（肉色标准图）进行目测评分。评定标准为：1 分为灰白色（PSE 肉）；2 分为轻度灰白色（轻度 PSE 肉）；3 分为正常鲜红色；4 分为稍深紫红色（轻度 DFD 肉）；5 分为深紫红色（DFD 肉）。若出现两级之间肉色时，可在两分值之间增设 0.5 分档值。

2. 大理石纹　在猪被屠宰后，立即取胸腰椎结合处背最长肌鲜样，置 0～4℃冰箱内保存 24h，取出平置于白色瓷盘中，在自然光照条件下，对照 5 分制大理石纹标准评分图进行目测评分（可在两分值之间增设 0.5 分档值）。评定标准为：1 分为肌内脂肪极微量分布；2 分为肌内脂肪微量分布；3 分为肌内脂肪适量分布；4 分为肌内脂肪较多量分布；5 分为肌内脂肪过多量分布。以 3 分为理想分布。

3. 肌肉 pH

（1）采样部位　最后胸椎处背最长肌。

（2）测定时间　宰杀停止呼吸后 45min 内测定的 pH，记作 pH_1；在 0～4℃条件下冷却保存 24h 后测定的 pH，记作 pH_{24}。

（3）测定方法　将酸度计的电极直接插入背最长肌中心部位测定。在测定前酸度计应严格按仪器使用说明正确调试，测定中注意保持电极清洁。测定后用 pH 为 7 的蒸馏水冲洗电极。

4. 系水力

（1）压力法

①测定时间：在猪被屠宰后 1～2h 内。

②采样部位：取倒数第 3～4 胸椎段背最长肌。

③测定方法：切取厚度约为 1cm 的肉样，平置在洁净塑料板上，用直径为 3.85cm 的圆形取样器（面积为 $9.9cm^2$）取样，立即用感应量为 0.001g 的天平称取肉样重。将肉样置于两层纱布之间，上、下各铺、垫 48 层吸水性好的普通卫生纸或 18 层滤纸，在压力仪平台上加压，保持 5min。解除压力后，立即取出，除去卫生纸或滤纸后，称取肉样重，可求得失水率，计算公式如下：

$$失水率（\%）=\frac{肉样压前重-肉样压后重}{肉样压前重}\times100\%$$

（2）滴水损失法

①测定时间：在猪被屠宰后 1～2h 内。

②采样部位：取倒数第 3～4 胸椎段背最长肌。

③测定方法：将肉样顺肌纤维方向切成 2cm 厚的肉片，剔除筋膜和脂肪组织，修成长 5cm、宽 3cm 的长条，称重，用细铁丝钩住肉条的一端，使肌纤维垂直向下，悬挂于塑料袋中（肉样不得与塑料袋壁接触），扎紧袋口后吊挂于冰箱内，在 4℃条件下保持 24h，取出肉条，小心用滤纸吸干肉表面水分，然后称重，按下式计算结果：

$$滴水损失（\%）=\frac{吊挂前肉条重-吊挂后肉条重}{吊挂前肉条重}\times100\%$$

5. 肌内脂肪含量

（1）测定时间　在猪被屠宰后 1～2h 内。如延后测定，应避免肉样水分损失和变质。

（2）采样部位　取腰椎段背最长肌。

（3）测定方法

①先将肉样外周的筋膜剔除，再把肉样切成小块置于洁净绞肉机中绞成肉糜。

②用天平称取 10.000 0g±0.050 0g 肉糜，置于广口瓶中，加入甲醇 60mL，盖好瓶盖，置于磁力搅拌器上搅拌 30min。

③打开瓶盖，加入三氯甲烷 90mL，盖好瓶盖，搅拌至肉糜呈絮状悬浮于溶剂中，静置 36h（静置期间，应振摇 3～4 次）。

④将上述浸提液过滤于刻度分液漏斗中，用约 50mL 三氯甲烷分次洗涤残渣。

⑤取下漏斗，加入 30mL 蒸馏水，旋摇分液漏斗静置分层，上层为水甲醇层，下层为三氯甲烷脂肪层。记录下层体积后，缓慢打开分液漏斗阀弃去约 2mL 后，再缓慢放出下层液于烧杯中。

⑥取 4 个洁净烧杯编号、烘干、称重，记录烧杯重。

⑦用移液管移出 50.00mL 下层液于烧杯中，置于电热板上烘干液体之后，将烧杯置于烘箱中，在 105℃±2℃ 条件下烘 1h。

⑧取出烧杯置于干燥器中冷却至室温，称重并记录。

（4）计算方法

$$肌内脂肪含量（\%）=\frac{(W_2-W_1)\times V_1}{W_0\times 50}\times 100\%$$

式中：W_0 为肉样重，单位为克（g）；W_1 为烧杯重，单位为克（g）；W_2 为烧杯加脂肪重，单位为克（g）；V_1 为下层液总体积，单位为毫升（mL）；50 为下层液取样量，单位为毫升（mL）。

6. 肌肉嫩度

（1）仪器　肌肉嫩度测定仪，圆形钻孔肌肉取样器（直径 1.27cm）等。

（2）采样部位　取胸椎部背最长肌一段。

（3）肉样前处理　将肉样装入塑料薄膜袋中包扎好，15～16℃ 条件下静置 24h。然后在 4℃ 条件下熟化 24h。取出熟化完成的肉样，室温下放置 1h。然后打开包装袋，用温度计插入肌肉中心部，再包装好肉样，保持袋口向上，放入 80℃ 水浴锅中，加盖后持续加热，直至肌肉中心温度达 70℃ 为止。取出肉样，置于室温下冷却至 20℃备用。

（4）测定方法　顺着与肌纤维垂直方向切取宽度为 1.5cm 的肉样块，用圆形钻孔肌肉取样器顺肌纤维方向钻切肉样块 10 块。按肌肉嫩度测定仪使用说明操作，记录 10 个肉样的剪切力值，计算其平均值，单位用牛顿（N）。

7. 熟肉率　采取完整的腰大肌，用感应量为 0.1g 的天平称重，放入搪瓷容器内，置铝蒸锅内蒸 45min。取出肉样吊挂于室内无风阴凉处，30min 后再次称重，两次重量的比例即为熟肉率，其计算公式如下：

$$熟肉率（\%）=\frac{熟后肉样重}{熟前肉样重}\times100\%$$

四、遗传评估

前期准确可靠的个体性能测定是遗传评估的基础。在保证所测定数据真实可靠的基础上，要通过科学方式的应用实现选育效果的良好发挥。就目前来说，我国主要有两种方式，一种为表型值多性状指数选择法，另一种为育种值多性状指数选择法。在具有统一环境条件下，且规模相对较小的情况下，第一种方式在场内具有较好的应用效果，而在具有场间联系，存在跨季节或者跨世代情况时，第一种方式在实际应用中存在一定的局限性。对此，目前经常以第二种方式进行处理，即育种值估计，通过某种统计学方式校正环境差异，对不同性状的遗传水平进行估计，之后联系多个性状根据其遗传力以及重要性的大小对选择指数进行制定，以此对种猪价值实现综合评价。

用于种猪遗传评估的方法较多，多性状动物模型 BLUP 法是发达国家普遍采用的先进科学的评估方法，为此已开发出相应的计算机软件，如 PEST、MTEBV、GENESIS、GBS 等，可用于场内的遗传评估。

第四节　选配方法

一、选配原则

种猪选配要根据育种目标，从种猪品质、年龄、亲缘关系等方面详细考虑，为每头种猪选择适当配偶，以便获得理想的后裔。对群体而言，公猪的影响远大于母猪，但从遗传角度讲，每个后裔都继承了父母双方的基因。在选配计划中，要在最大限度利用优秀公猪的同时，注意根据年龄和体质强弱等合理安排公母猪配对。种猪选配应遵循如下原则：

1. 整体最优　在参加选配的公母猪数及使用度等既定情况下，首先要考虑的是整体最优，以期望全场后裔遗传进展和经济效益最佳。

2. 避免近交　公母猪选配一般要避免近交。为有效控制后裔近交系数增加，与配公母猪间亲缘系数应约定不能超过某一阀值。

3. 突出优秀公猪　由于公猪的作用和影响大于母猪，凡已验证的优秀公猪，应尽量扩大配种使用范围，让优秀基因尽快在群体内扩散。

4. 增强型选配　要求组成配种对的公母猪双方尽可能有相同优点，以使其后裔优点更突出。

5. 统筹兼顾　公母猪间选配效果需用兼顾遗传目标和经济目标的选配指数来反映。选配指数制订的过程，也就是育种目标数量化的过程。基于上述原则，可用线性模型来描述种猪优化选配问题。

（1）平衡选配　在一定时间内，有一定数量的母猪需要配种，每头公猪可利用配种次数既定，公猪既定可利用次数恰好等于母猪需配次数。

（2）不平衡选配　一定时间内发情母猪不多，公猪配种能力有剩余；或母猪发情无公猪可配。

二、配种工作的组织

猪群的配种，首先应做好配种计划，同时做好各项组织工作。

1. 分娩制度　分娩制度有两种。

（1）常年分娩　一年内都有母猪分娩。优点是可充分利用猪舍，均衡利用公猪，并能常年提供断奶仔猪和商品育肥猪，工厂化养猪要求一年内保持均衡地配种和产仔。

（2）季节分娩　对母猪有计划地配种，集中在适宜仔猪生长发育的季节里分娩，既有利于仔猪的生长发育和提高哺育率，又可降低培育成本。

2. 配种计划　配种计划是全年生产计划的组成部分。制订配种计划要根据上次配种结果，确定本次与配的公、母猪，做好每头母猪的交配计划。在控制近交系数的条件下，公猪与母猪不完全随机交配。以本交为主，辅以人工授精，避免全、半同胞的不完全随机交配；保种群按血缘关系把母猪相应分成 6 组（亲缘关系近的分在一组），采用与公猪轮回交配的方法进行世代延续。

3. 配种工作的组织　在配种前一个月，对公猪和母猪进行健康检查，精液品质检查，后备母猪要检查发育情况，提出相应的饲养管理措施，修订配种技术规程，认真核对种猪的耳号，准备好配种记录表格，加强母猪发情。做好配种记录，便于推算预产期和考查猪群的血统情况。

第五节　提高繁殖成活率的途径与技术措施

种猪是养猪生产中最基础的组成部分，种猪繁殖效率的高低，受品种类型、营养与饲料、饲养管理技术、环境条件、繁殖技术以及猪的健康水平等多方面的影响。猪场的经济效益与繁殖成绩的高低密不可分，可从以下几方面提高繁殖效率。

（一）加强种猪饲养管理

日粮中能量水平过高会影响母猪的繁殖性能，特别是在缺乏运动的情况下，可使胚胎成活率明显降低。其原因是能量过高可引起猪体过肥，使输卵管、子宫、卵巢周围、皮下和腹膜脂肪沉积过多，从而导致子宫壁血液循环障碍使胎儿死亡。如果日粮中能量和蛋白质不足，可导致母猪瘦弱、生殖器官复原困难和生产能力连续下降。表现为不发情或发情周期紊乱、延长、卵泡停止发育、安静排卵或形成卵泡囊肿。后备母猪的营养水平也很重要，体况过差会影响其繁殖性能，可能导致后备母猪初情期延迟、返情率高，在寒冷天气等应激条件下流产率增加，同时也易造成母猪泌乳期储备不足、窝产仔数减少和种猪的利用年限缩短。

妊娠母猪某些营养成分的供给不足可导致新陈代谢障碍或营养失调，致使母猪消瘦，不能满足胚胎发育的营养需要，特别是维生素 A、维生素 E、维生素 D 和微量元素硒的缺乏，使胚胎不能附植、胎盘功能障碍或胎儿因发育不良而死亡。

（二）提高种猪的使用年限

现代化养猪生产实行全年均衡产仔，种猪的利用强度较高，稍有不当就会缩短种猪的利用年限，母猪群使用年限最好在 3 年以下。被提早淘汰的原因有三方面：其一是出现繁殖障碍，母猪不发情、不排卵、流产、产后无乳以及仔猪成活率低下等；二是健康受损，体况过度瘦弱或过于肥胖使繁殖力下降；三

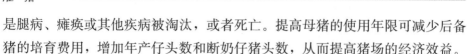

是腿病、瘫痪或其他疾病被淘汰，或者死亡。提高母猪的使用年限可减少后备猪的培育费用，增加年产仔头数和断奶仔猪头数，从而提高猪场的经济效益。

（三）及时淘汰老弱病猪

前面虽然提出提高种猪的使用年限，但要有个限度，并不是越长越好，超过最佳繁殖时期应及时淘汰。生产中有些老龄种猪虽然产仔头数不少，但常会出现母猪产后泌乳少，仔猪生活力低，难成活及生长较慢等情况。青年种猪的优点是：公猪性欲高，性反射快，精液品质好，受胎率高，身体灵活，四肢健壮；母猪发情症状明显，连产性高，受胎率高，哺育能力强，产活仔头数多，成活率高，仔猪健壮，生命力强，长得快等。

（四）提高母猪年产仔胎数

母猪的繁殖周期包括空怀期、妊娠期和哺乳期三个阶段。母猪的妊娠期是114d，哺乳期为30～35d，空怀期平均是10～15d。这样，母猪的一个繁殖周期分别是154d（114＋30＋10）或164d（114＋35＋15）。由此可推算出母猪年产仔胎数分别为 2.37 胎（365/154）或 2.23 胎（365/164）。在养猪生产中，猪场母猪年产仔胎数远低于上述指标，原因是母猪空怀期的天数会超过 15d。如何缩短母猪空怀期天数是提高母猪年产仔数的重点。通过良好的饲养管理，按照母猪各生理阶段的营养需要合理饲喂，特别是哺乳阶段增加其采食量，保证母猪断奶后有适度的膘情，母猪适当提前断奶，防止因瘦弱而影响下一次正常发情。生产中可采取断奶当天停止喂料，供给充足的饮水，有利于乳房萎缩，刺激母猪尽快发情，同时可增加断奶后母猪的采食量。采取空怀母猪多头群养和每天用成年种公猪试情等综合措施，可促进其再发情配种。

（五）增加母猪每胎的产仔数

通过科学化的饲养管理，促进母猪发情排卵。做到适时配种，增加配种次数（2～3 次），并且养好妊娠母猪，防止胚胎死亡，便能达到多产仔猪，有效提高猪场经济效益的目的。

第五章
营养需要与常用饲料

第一节　营养需求

不同生长和生产阶段的各类淮猪的营养需要见表5-1至表5-8。

表5-1　后备母猪每头每日营养需要量

项　目	体　重　阶　段（kg）		
	20～35	35～60	60～90
预期日增重（g）	400	480	500
采食风干料（kg）	1.26	1.80	2.39
消化能（MJ/kg）	15.82	22.21	29.00
代谢能（MJ/kg）	15.19	21.34	27.82
粗蛋白质（g）	202	252	311
赖氨酸（g）	7.8	9.5	11.5
蛋氨酸＋胱氨酸（g）	5.0	6.3	8.1
苏氨酸（g）	5.0	6.1	7.4
异亮氨酸（g）	5.7	6.8	8.1
钙（g）	7.6	10.8	14.3
磷（g）	6.3	9.0	12.0
食盐（g）	5.0	7.2	9.6
铁（mg）	67	79	91
锌（mg）	67	79	91
铜（mg）	5.0	5.4	7.2
锰（mg）	2.5	3.6	4.8
碘（mg）	0.18	0.25	0.35

（续）

项　目	体　重　阶　段（kg）		
	20～35	35～60	60～90
硒（mg）	0.19	0.27	0.36
维生素 A（IU）	1 460	2 020	2 650
维生素 D（IU）	220	234	275
维生素 E（IU）	13	18	24
维生素 K（mg）	2.5	3.6	4.8
维生素 B_1（mg）	1.3	1.8	2.4
维生素 B_2（mg）	2.9	3.6	4.5
烟酸（mg）	15.1	18.0	21.5
泛酸（mg）	13.0	18.0	24.0
生物素（mg）	0.11	0.16	0.22
叶酸（mg）	0.6	0.9	1.2
维生素 B_{12}（μg）	13	18	24

表 5-2　后备母猪每千克日粮中的养分含量

项　目	体　重　阶　段（kg）		
	20～35	35～60	60～90
消化能（MJ/kg）	12.55	12.34	12.13
代谢能（MJ/kg）	12.05	11.84	11.63
粗蛋白质（%）	16	14	13
赖氨酸（%）	0.62	0.53	0.48
蛋氨酸＋胱氨酸（%）	0.40	0.35	0.34
苏氨酸（%）	0.40	0.34	0.31
异亮氨酸（%）	0.45	0.38	0.34
钙（%）	0.60	0.6	0.06
磷（%）	0.5	0.5	0.5
食盐（%）	0.4	0.4	0.4
铁（mg）	53	44	38
锌（mg）	53	44	38
铜（mg）	4	3	3
锰（mg）	2	2	2
碘（mg）	0.14	0.14	0.14

（续）

项　目	体　重　阶　段　（kg）		
	20～35	35～60	60～90
硒（mg）	0.15	0.15	0.15
维生素 A（IU）	1 160	1 120	1 110
维生素 D（IU）	178	130	115
维生素 E（IU）	10	10	10
维生素 K（mg）	2	2	2
维生素 B$_1$（mg）	1.0	1.0	2.0
维生素 B$_2$（mg）	2.3	2.0	1.9
烟酸（mg）	12	10	9
泛酸（mg）	10	10	10
生物素（mg）	0.09	0.09	0.09
叶酸（mg）	0.5	0.5	0.5
维生素 B$_{12}$（μg）	10.0	10.0	10.0

表 5-3　妊娠母猪每头每日营养需要量

项　目	体　重　阶　段　（kg）					
	妊娠前期			妊娠后期		
	90～120	120～150	150 以上	90～120	120～150	150 以上
采食风干料（kg）	1.70	1.90	2.00	2.20	2.40	2.50
消化能（MJ/kg）	19.92	22.26	23.43	25.77	28.12	29.29
代谢能（MJ/kg）	19.12	21.38	22.51	24.73	26.99	28.12
粗蛋白质（g）	187	209	220	264	288	300
赖氨酸（g）	6.00	6.70	7.00	7.90	8.60	9.00
蛋氨酸＋胱氨酸（g）	3.20	3.60	3.80	4.20	4.60	4.70
苏氨酸（g）	4.80	5.30	5.60	6.20	6.70	7.00
异亮氨酸（g）	5.30	5.90	6.20	6.80	7.40	7.80
钙（g）	10.4	11.6	12.2	13.4	14.6	15.3
磷（g）	8.3	9.3	9.8	10.8	11.8	12.3
食盐（g）	5.4	6.1	6.4	7.0	8.0	8.0
铁（mg）	111	124	130	143	156	163
锌（mg）	71	80	84	92	101	105
铜（mg）	7	8	8	9	10	10

（续）

项　目	体　重　阶　段（kg）					
	妊娠前期			妊娠后期		
	90～120	120～150	150 以上	90～120	120～150	150 以上
锰（mg）	14	15	16	18	19	20
碘（mg）	0.19	0.21	0.22	0.24	0.26	0.28
硒（mg）	0.22	0.25	0.26	0.29	0.31	0.33
维生素 A（IU）	5 440	6 100	6 400	7 260	7 920	8 250
维生素 D（IU）	270	300	320	350	380	400
维生素 E（IU）	14	15	16	18	19	20
维生素 K（mg）	2.9	3.2	3.4	3.7	4.1	4.3
维生素 B_1（mg）	1.4	1.5	1.6	1.8	2.0	2.4
维生素 B_2（mg）	4.3	4.8	5.0	5.5	6.0	6.3
烟酸（mg）	14	15	16	18	19	20
泛酸（mg）	16.5	18.4	19.4	21.6	23.5	24.5
生物素（mg）	0.14	0.15	0.16	0.18	0.20	0.22
叶酸（mg）	0.85	0.95	1.00	1.10	1.20	1.30
维生素 B_{12}（μg）	20	23	24	29	31	33

表 5-4　妊娠母猪每千克日粮中的养分含量

项　目	体　重　阶　段（90～150kg）	
	妊娠前期	妊娠后期
消化能（MJ/kg）	11.72	11.72
代谢能（MJ/kg）	11.25	11.25
粗纤维（%）	10.0	9.0
粗蛋白质（%）	11.0	12.0
赖氨酸（%）	0.35	0.36
蛋氨酸＋胱氨酸（%）	0.19	0.19
苏氨酸（%）	0.28	0.28
异亮氨酸（%）	0.31	0.31
钙（%）	0.61	0.61
磷（%）	0.49	0.49
食盐（%）	0.32	0.32
铁（mg）	65	65

（续）

项　目	体　重　阶　段（90～150kg）	
	妊娠前期	妊娠后期
锌（mg）	42	42
铜（mg）	4	4
锰（mg）	8	8
碘（mg）	0.11	0.11
硒（mg）	0.13	0.13
维生素 A（IU）	3 200	3 300
维生素 D（IU）	160	160
维生素 E（IU）	8	8
维生素 K（mg）	1.7	1.7
维生素 B_1（mg）	0.8	0.8
维生素 B_2（mg）	2.5	2.5
烟酸（mg）	8.0	8.0
泛酸（mg）	9.7	9.8
生物素（mg）	0.08	0.08
叶酸（mg）	0.56	0.50
维生素 B_{12}（μg）	12.0	13.0

表 5-5　哺乳母猪每头每日营养需要量

项　目	体　重　阶　段（kg）		
	120～150	150～180	180 以上
采食风干料（kg）	5.00	5.20	5.30
消化能（MJ/kg）	60.67	63.10	64.31
代谢能（MJ/kg）	58.58	60.67	61.92
粗蛋白质（g）	700	728	742
赖氨酸（g）	25	26	27
蛋氨酸＋胱氨酸（g）	15.5	16.1	16.4
苏氨酸（g）	18.5	19.2	19.6
异亮氨酸（g）	16.5	17.2	17.5
钙（g）	32.0	33.3	33.9
磷（g）	23.0	23.9	24.4
食盐（g）	22.0	22.9	23.3

（续）

项　目	体　重　阶　段（kg）		
	120～150	150～180	180 以上
铁（mg）	350	364	371
锌（mg）	220	229	233
铜（mg）	22	23	23
锰（mg）	40	42	42
碘（mg）	0.60	0.62	0.64
硒（mg）	0.45	0.47	0.48
维生素 A（IU）	8 500	8 840	9 000
维生素 D（IU）	860	900	920
维生素 E（IU）	40	42	42
维生素 K（mg）	8.5	8.8	9.0
维生素 B_1（mg）	4.5	4.7	4.8
维生素 B_2（mg）	13.5	13.5	13.8
烟酸（mg）	45.0	47.0	48.0
泛酸（mg）	60	62	64
生物素（mg）	0.45	0.47	0.48
叶酸（mg）	2.5	2.6	2.7
维生素 B_{12}（μg）	65	68	69

表 5-6　哺乳母猪每千克日粮中的养分含量

项　目	含　量
消化能（MJ/kg）	12.13
代谢能（MJ/kg）	11.72
粗纤维（%）	8
粗蛋白质（%）	14
赖氨酸（%）	0.50
蛋氨酸＋胱氨酸（%）	0.31
苏氨酸（%）	0.37
异亮氨酸（%）	0.33
钙（%）	0.64
磷（%）	0.46

（续）

项　目	含　量
食盐（%）	0.44
铁（mg）	70
锌（mg）	44
铜（mg）	4.4
锰（mg）	8
碘（mg）	0.12
硒（mg）	0.09
维生素 A（IU）	1 700
维生素 D（IU）	180
维生素 E（IU）	8
维生素 K（mg）	1.7
维生素 B_1（mg）	0.9
维生素 B_2（mg）	2.6
烟酸（mg）	9
泛酸（mg）	12
生物素（mg）	0.09
叶酸（mg）	0.5
维生素 B_{12}（μg）	13

表 5-7　种公猪每头每日营养需要量

项　目	体　重　阶　段（kg）	
	90～150	150 以上
采食风干料（kg）	1.9	2.3
消化能（MJ/kg）	23.85	28.87
代谢能（MJ/kg）	22.90	27.70
粗蛋白质（g）	228	276
赖氨酸（g）	7.2	8.7
蛋氨酸＋胱氨酸（g）	3.8	4.6
苏氨酸（g）	5.7	6.9
异亮氨酸（g）	6.3	7.6
钙（g）	12.5	15.2

（续）

项　目	体　重　阶　段（kg）	
	90～150	150 以上
磷（g）	10.1	12.2
食盐（g）	6.7	8.1
铁（mg）	135	163
锌（mg）	84	101
铜（mg）	10	12
锰（mg）	17	21
碘（mg）	0.23	0.28
硒（mg）	0.25	0.30
维生素 A（IU）	6 700	8 100
维生素 D（IU）	340	400
维生素 E（IU）	17.0	21.0
维生素 K（mg）	3.4	4.1
维生素 B_1（mg）	1.7	2.1
维生素 B_2（mg）	4.9	6.0
烟酸（mg）	16.9	20.5
泛酸（mg）	20.1	24.4
生物素（mg）	0.17	0.21
叶酸（mg）	1.00	1.20
维生素 B_{12}（μg）	25.5	30.5

表 5-8　种公猪（90～150kg）每千克日粮中的养分含量

项　目	含　量
消化能（MJ）	12.55
代谢能（MJ）	12.05
粗蛋白质（%）	12.0
赖氨酸（%）	0.38
蛋氨酸＋胱氨酸（%）	0.20
苏氨酸（%）	0.30
异亮氨酸（%）	0.33
钙（%）	0.66

（续）

项　目	含　量
磷（%）	0.53
食盐（%）	0.35
铁（mg）	71
锌（mg）	44
铜（mg）	5
锰（mg）	9
碘（mg）	0.12
硒（mg）	0.13
维生素 A（IU）	3 500
维生素 D（IU）	180
维生素 E（IU）	9
维生素 K（mg）	1.8
维生素 B_1（mg）	0.9
维生素 B_2（mg）	2.6
烟酸（mg）	9
泛酸（mg）	12.0
生物素（mg）	0.09
叶酸（mg）	0.50
维生素 B_{12}（μg）	13.0

第二节　常用饲料及配方

一、常用饲料

1. 能量饲料　包括玉米、大麦、高粱、稻子、糠麸类等。

2. 蛋白质饲料　包括植物性和动物性蛋白质饲料。植物性蛋白质饲料有豆饼、花生饼、棉籽饼、菜籽饼等油饼类饲料，要注意菜籽饼、棉籽饼等饲料要经过脱毒处理，其他饼类也不能生喂，要蒸煮、炒熟后配制饲料。动物性蛋白质饲料有鱼粉、肉骨粉、血粉、羽毛粉，用这类饲料要注意协调好钙磷比例。

3. 矿物质饲料　包括石粉、贝壳粉、骨粉、磷酸钙和食盐等，这类饲料

主要满足猪只生长对钙、磷等矿物质的需要。

4. 青绿饲料　包括人工栽培的牧草、水生植物、绿色农作物。这类饲料能补充饲料中维生素和必需氨基酸的不足，对猪有平衡蛋白质营养的作用。

5. 粗饲料　包括干草和农作物秸秆，含粗纤维多，用量不宜过多。

6. 糟渣类　包括酒糟、糖糟、粉渣、豆渣，饲喂前必须经过煮熟等加工处理。妊娠母猪、仔猪和育肥猪后期不宜喂酒糟。

7. 其他类　如羽毛粉、蔗糖滤泥等。羽毛粉蛋白质含量可达 80% 以上，在配合饲料中可代替一部分鱼粉；我国南方地区普遍种植甘蔗，蔗糖滤泥也可作为饲料喂猪。

二、饲料分类

猪饲料大致可分四类：预混合饲料、浓缩饲料、全价配合饲料和混合饲料。

1. 预混合饲料　又称预混料、复合预混料，由一种或多种营养性添加剂（如氨基酸、维生素等）和非营养性添加剂（如促生长剂、抗氧化剂、防霉剂等）与某种载体，按配方要求配制而成。一般在配合饲料中的添加量为 0.5%～4%。

2. 浓缩饲料　又称蛋白质补充饲料，是由蛋白质饲料和预混合饲料等组成。浓缩饲料不能直接喂猪，应按照说明与一定比例的能量饲料搭配后才能喂猪。

3. 全价配合饲料　是能够满足猪全部的营养物质需要的配合饲料。其按照猪的饲养标准配制，充分满足猪的各项营养指标，可以直接用来喂猪。

4. 混合饲料　由于各地饲料来源不一样，可以因地制宜把预混合饲料、蛋白质饲料、谷类饲料加上当地的原料如酒糟、豆渣、树叶、菜瓜及马铃薯等混合成饲料喂猪。

三、猪饲料配制原则

饲料配制应遵循以下原则。

1. 营养适宜　注意营养水平的平衡，其中特别注意氨基酸的平衡和钙磷比值。一般饲料中，赖氨酸、蛋氨酸＋胱氨酸、苏氨酸的比例为 1∶0.6∶0.65，钙磷比为（1～2）∶1。

2. 体积适中　应注意猪的采食量与饲料体积的关系，体积过大吃不完，体积过小吃不饱。

3. 适口性　适口性好的多用，适口性差的少用。

4. 灵活应用　根据猪的生长发育、生产性能、季节变化等情况，进行饲料配制。

5. 粗纤维含量　仔猪不超过 3％，生长猪不超过 6％，种猪不超过 12％。

6. 注意饲料中毒　饲料要尽量进行精细加工，发霉变质和有毒性的饲料禁用。菜籽饼、棉籽饼要做好去毒处理，饲喂妊娠母猪时一般不超过饲料总量的 5％。

7. 经济优质　应根据生产需要，提高配合饲料的档次，并根据市场价格变化，随时调整配方，获得最佳经济效益。

用于土种猪、二元杂交猪时，可以适当减少玉米、豆饼（粕）比例，用次粉、米糠等代替一部分玉米；用菜籽饼（粕）、棉籽饼（粕）等代替一部分豆粕，以降低饲养成本，提高饲养效益；鱼粉要尽量少用，以降低饲养成本；应用大量青绿多汁饲料饲喂空怀母猪可以促进发情，但公猪不可过多饲喂青绿饲料，否则容易形成"草腹"，影响配种能力。

8. 多样化　合理搭配多种饲料，以发挥各种物质的互补作用，提高饲料的利用率。

四、常见饲料配方

根据淮猪养殖场当地的饲料种类及来源，不同类型猪只的饲料配方见表 5-9。

表 5-9　淮猪不同类型猪只的饲料配方及营养水平

项　目	类　别										
	1	2	3	4	5	6	7	8	9	10	11
饲料配方											
玉米（%）	65.0	64.0	40.6	42.3	48.0	58.6	60.0	59.6	60.3	64.2	63.2
豆粕（%）	13.0	19.0	5.0		5.0	11.0	20.0	31.0	27.0	16.0	10.5
小麦麸（%）	15.0	10.0	31.0	37.0	29.0	15.0	7.0	2.0	4.0	15.0	20.0
花生藤粉（%）	4.0	2.0	21.0	18.2	15.5	11.0	5.0				3.0
鱼粉（%）		1.5				1.5	3.0	5.0	6.0	1.5	

（续）

项　目	类　别										
	1	2	3	4	5	6	7	8	9	10	11
磷酸氢钙（%）	0.4	0.8	0.6	0.4	0.4	0.6	0.8	0.5	0.6	0.8	0.8
石粉（%）	1.0	1.0	0.1	1.0	1.0	1.0	2.0	0.5	0.5	1.0	1.0
食盐（%）	0.6	0.5	0.5	0.5	0.5	0.6	1.0	0.3	0.4	0.5	0.5
赖氨酸（%）		0.1	0.1	0.1	0.1	0.1	0.1	0.0	0.1		
蛋氨酸（%）		0.1	0.1			0.1	0.1	0.2	0.1		
多维（%）	1.0	1.0	1.0	0.5	0.5	0.5	1.0	1.0	1.0	1.0	1.0
合计（%）	100.0	100.0	100.0	100.0	100.0	100.0	100.0	100.0	100.0	100.0	100.0
营养水平											
干物质（%）	85.63	85.28	86.36	86.13	86.16	85.88	84.07	86.46	86.17	83.78	85.3
消化能（MJ/kg）	53.97	54.56	46.90	47.07	48.91	51.46	52.97	56.07	55.65	53.60	53.43
代谢能（MJ/kg）	105.73	131.67	65.19	44.10	67.03	94.85	134.35	183.72	166.36	118.03	94.64
粗蛋白质（%）	14.29	16.74	13.16	11.62	12.80	14.55	17.57	22.26	21.36	15.78	13.66
粗纤维（%）	3.81	3.27	8.15	7.81	6.87	5.34	3.67	2.78	2.73	3.09	3.87
钙（%）	0.62	0.73	0.82	1.00	0.93	0.95	1.23	0.61	0.67	0.67	0.68
磷（%）	0.43	0.52	0.53	0.52	0.49	0.48	0.52	0.52	0.56	0.54	0.53
植酸磷（%）	0.23	0.21	0.28	0.31	0.28	0.22	0.19	0.18	0.19	0.24	0.26
赖氨酸（%）	0.66	0.95	0.64	0.53	0.63	0.78	1.02	1.26	1.30	0.79	0.61
蛋氨酸＋胱氨酸（%）	0.61	0.76	0.65	0.53	0.55	0.69	0.77	0.79	0.87	0.65	0.60
苏氨酸（%）	0.52	0.61	0.45	0.39	0.44	0.52	0.65	0.83	0.80	0.58	0.49
异亮氨酸（%）	0.58	0.73	0.46	0.35	0.44	0.57	0.77	1.05	0.98	0.66	0.53

注：配方 1~11 代表的淮猪类型为：1. 公猪（非配种期），2. 公猪（配种期），3. 后备母猪，4. 空怀母猪，5. 妊娠母猪（前期），6. 妊娠母猪（后期），7. 哺乳母猪，8. 乳猪（断奶前），9. 仔猪（断奶后到体重 20kg），10. 育肥猪（体重 20~60kg），11. 育肥猪（体重 60~90kg）。

第六章
饲养管理技术

第一节　种猪的饲养管理

一、种公猪的饲养管理

（一）日粮和饲喂技术

对于采用季节性产仔和配种的猪场，在配种季节到来之前 45d，要逐渐提高种公猪日粮的营养水平，最终达到配种期饲养标准，以供给配种期的营养需要。配种季节过后，要逐渐降低营养水平，供给仅能维持种用膘情的营养即可，以防种公猪过肥。

对于长年产仔和配种的猪场，应常年均衡供给种公猪所需营养物质，以保证种公猪常年具有旺盛的配种能力。

不论哪种饲喂方法，供给种公猪日粮的体积都应小些，以免形成"草腹"而影响养分浓度：非配种期每千克配合饲料含粗蛋白质 14%，含消化能 12.55MJ，日喂量 2～2.5kg；配种期每千克配合饲料含粗蛋白质 15%，含消化能 12.97MJ，日喂量 2.5～3.0kg。

（二）运动

运动具有促进机体新陈代谢，增强公猪体质，提高精子活力和锻炼四肢等功能，从而提高配种能力。运动方式，可在大场地中让其自由活动，也可在运动跑道中进行驱赶运动，每天 1～2 次，每次约 1h，行程 1.5km 左右，速度不宜太快。夏天运动应在早上或傍晚凉爽时进行，冬天则在午后气温较暖和时进行。配种任务繁重时要酌情减少运动量或暂停运动。

（三）单圈饲养

种公猪以单圈饲养为宜。猪舍要经常保持清洁、干燥，阳光要充足，按时清扫猪舍。对猪体进行皮毛刷拭，不仅有利于皮肤健康，防止皮肤病，还能增强血液循环，促进新陈代谢，增强体质。对公猪要定期称重和进行精液品质检查，以便调整日粮营养水平、运动量和配种强度。

（四）防暑降温

高温会使种公猪精子活力降低、采精量减少、畸形精子增加，导致受胎率下降、产仔数减少或不育。因此，做好防暑降温工作，避免热应激是非常必要的。降温措施有猪舍遮阴、通风，在运动场上安装喷淋水装置或人工定时喷淋等。

（五）合理利用

根据种公猪的品种特性和性成熟的早晚，决定初配年龄。后备公猪初配时的体重要达到成年体重的 $50\%\sim60\%$。过早配种会影响公猪的生长发育，利用年限也缩短。过晚配种会降低性欲，影响正常配种，也不经济。

配种频率要恰当，青年公猪每天 2 次，每周 8 次，每月 25 次；成年公猪每天 3 次，每周 12 次，每月 40 次。配种繁忙时，要供给足够的营养物质，每天最好能加喂鸡蛋 2~3 个。连续配种 4~5d 后，要休息 1~2d，以恢复公猪体力。在自然交配情况下，如实行季节性配种，1 头公猪可负担 10~20 头母猪；如常年配种，1 头公猪可负担 20~30 头母猪的配种任务。在人工授精时，1 头公猪可负担500~1 000 头母猪的输精。饲养好而又配种利用合理，1 头公猪可利用 5~6 年。

配种应在吃料前 1h 或吃料后 2h 进行。配种后不要立即饮水，要让其休息十几分钟，然后关进圈内。公猪长期不配种，影响性欲，精液品质差。因此，在非配种季节，应定期或半月左右人工采精一次。

二、种母猪的饲养管理

（一）空怀母猪的饲养管理

1. 控制膘情，促使及时发情配种 俗话说"空怀母猪七八成膘，容易怀胎产仔高"。因此，应根据断奶母猪的体况及时调整日粮的喂给量。如果是发生死产、流产或仔猪并窝的母猪，则其体况一般较好，应注意减少精料的喂给，增加青、粗料的投放，并增加运动量，控制膘情。经过泌乳阶段的断奶母猪，会失重20％～30％，应给予正常的母猪料，使其正常发情；有的母猪在哺乳期由于带仔太多或营养缺乏，致使失重太大，可实行短期优饲。采用并窝饲养、公猪诱情、药物催情的办法，都可以促使空怀母猪及时发情排卵。据报道，每头乏情母猪注射孕马血清促性腺激素或氯地酚20～40mg可引起发情；青年母猪皮下埋植500mg乙基去甲睾酮20d，或每日注射30mg，持续18d，停药后2～7d内发情率可达80％以上，受孕率在60％～70％。

2. 做好母猪的发情鉴定和适时配种工作　发情母猪的典型表现：一是外阴部从出现红肿现象到红肿开始消退并出现皱缩，同时分泌由稀变稠的阴道黏液；二是精神出现由弱到强的不安情况，来回走动，试图跳圈，以寻求配偶；用嘴拱查情员的腿、脚，且紧缠不休；隔栏见到公猪时，会争先挤到栏门边持续相望，并不停地叫唤；三是食欲减退，甚至不吃；四是从开始爬跨其他母猪，但不接受其他母猪的爬跨，到能接受其他母猪的爬跨；五是开始时按压其背部还出现逃避的现象，但随后则会变得安稳不动，出现"呆立反射"现象。一般认为，母猪出现"呆立反射"现象，适于首配，隔8～10h再配一次，这样能做到情期受胎率高且产仔数也较多。另外，考虑到母猪的年龄，应坚持"老配早，少配晚，不老不少配中间"的原则。而考虑品种和类群又要做到国外引进猪种适当早配，地方猪种适当晚配，培育猪种及杂种母猪的配种时间则介于两者之间。

（二）妊娠母猪的饲养管理

1. 选择适当的饲喂方式　对于体况较瘦的经产母猪，从断奶到配种前可增加饲喂量，日粮中提高能量和蛋白质水平，以尽快恢复繁殖体况，使母猪正常发情配种。对于膘情已达七成的经产母猪，妊娠前、中期只给予相对低营养水平的日粮，到妊娠后期再给予营养丰富的日粮。妊娠母猪需满足胎儿发育与产后泌乳的双重营养需要，因此，在整个妊娠期内，应采取随妊娠日期的增长逐步提高饲养水平的方式。青年母猪妊娠后，由于本身处于生长发育阶段，同时担负胎儿的生长发育，也应提高其饲养水平。

2. 掌握日粮体积　根据妊娠期胎儿发育的不同阶段既要保持预定的日粮

营养水平，又要适时调整精粗饲料比例，使日粮具有一定体积，让妊娠母猪不感到饥饿，又不压迫胎儿。在妊娠后期，可增加日喂次数以满足胎儿和母体的营养需要。

3. 注意饲料品质　妊娠日粮中无论是精料还是粗料，都要特别注意品质，不喂发霉、腐败、变质、冰冻和带有毒性或有强烈刺激性的饲料，否则会引起流产，造成损失。饲料种类也不宜经常变换。

4. 精心管理　妊娠前期母猪可合群饲养。妊娠第一个月，使母猪吃好，休息好，少运动。以后让母猪有足够的运动，夏季注意防暑，冬季雨雪天和严寒天气停止运动。妊娠中、后期减少运动量，临产前应停止运动。

三、分娩母猪的饲养管理

1. 计算预产期　算出预产期并且用不同颜色分别标记产前 3d、5d、8d，作好产前准备。

2. 临产母猪的饲养管理

（1）灭除体外寄生虫　如发现母猪身上有虱或疥癣，要用 2% 敌百虫溶液喷雾灭除，以免分娩后传到仔猪身上。

（2）调整日粮　母猪产前 10~15d，逐渐改变日粮，防止产后突然变料引起消化不良和仔猪下痢。

（3）调整喂料量　如果母猪膘情好，乳房膨大明显，则产前 1 周应逐渐减少喂料量，至产前 1~2d 可减去一半日粮，并减少粗料、糟渣类大容积饲料喂给量，以免压迫胎儿或引发便秘，影响分娩。发现临产症状后应停料，只饮豆饼麸皮汤。如母猪产前膘情差，乳房干瘪，则不但不能减料，还得适当加喂豆饼等蛋白质催乳饲料，防止母猪产后无乳。

（4）适当运动　产前 1 周应停止合群远距离放牧运动，可改在猪舍附近牧地或运动场活动，避免激烈追赶和挤撞引起流产或死胎。

（5）熟悉产房　母猪临产前 3~7d 要迁入产房，使它熟悉和适应新的环境，避免剧烈折腾，造成胎儿窒息死亡等。

（6）加强护理　分娩前 1 周即应注意观察母猪状态，加强护理，防止提前产仔而无人接产等意外事故。

3. 接产

（1）产房应保持清洁、干燥（相对湿度小于 70%），环境温度在 15~

20℃，空气新鲜。

（2）产房与产床应彻底刷洗、消毒，并空圈 3d 以上。

（3）妊娠母猪临产前进入产房。上产床前应对体表、乳房、四肢、下腹部用高锰酸钾溶液或来苏儿擦洗消毒。

（4）接产用具（碘酒、毛巾、来苏儿、脸盆、耳号钳、秤）准备好，安排有经验的饲养员轮流昼夜值班，并尽量避免外人进入产房。

（5）接产员应剪短锉平指甲，用肥皂水将手洗净，产前用温来苏儿擦洗母猪乳房、下腹部及外阴部。

（6）仔猪产出后用消毒过的干毛巾（每窝一条以上）擦干口鼻及全身黏液，然后断脐，脐带断端涂抹碘酒，然后迅速将仔猪移入装有红外线保温灯的护仔箱内（箱内温度保持在 25～32℃）。

（7）若母猪产程超过 4h，则应肌内注射催产素，以促进产出。

（8）对假死的仔猪需要进行及时处理、急救。吃初乳前每头小猪口服抗生素，并在产后尽早安排仔猪吃足初乳。

（9）冬季产仔为改善仔猪吃乳时的环境温度，可在保温箱之外母猪上方再单独吊一只红外线灯，3d 之后去掉。

（10）仔猪全部产完后，将产仔日期、产仔总数、产活仔数等及时填写在圈卡上，胎衣及污物及时清除。

4. 产后饲养管理　产后当天只喂 2～3 次麸皮盐水汤（麸皮 20g、食盐 25g、水 2kg）；产后 2～3d 的喂料量增加到哺乳期日粮的 1/3～1/2；产后 4～6d 的喂料量增加到哺乳期日粮的 1/2～2/3；产后 7d 喂给哺乳期日粮全部定量并尽可能让母猪多吃。

5. 母猪白天产仔法　在母猪临产前的 2～3d（即妊娠第 111～112 天）上午 8 时左右，给母猪肌内注射 125μg 氯前列烯醇注射液，母猪即可在注射后的第二天白天产仔。该药物没有副作用，成本也低。

四、哺乳母猪的饲养管理

1. 合理饲养　合理饲养哺乳母猪是提高母猪泌乳力，增加仔猪断奶窝重的重要措施之一。母猪产仔后几天内泌乳不多，仔猪较小，日喂料量应逐步增加，至 5～7d 达到正常喂量。一般在产后 10～15d 出现泌乳高峰，这时才开始加料。过早加料使母猪早期泌乳过多，仔猪吃不完或吃多了造成消化不良，反而不好。泌乳高峰后停止加料。为使母猪达到足够采食量，可日喂 3～4 次。对于泌乳不足的母猪，特别是初产母猪，在改善饲养管理的基础上，可增喂蛋白质丰富而易于消化的饲料，优质的青绿饲料和发酵饲料也有助于泌乳。

2. 充分供应饮水　水对哺乳母猪特别重要，乳中含水量约为 80%，此外，代谢活动也需要水。一般认为哺乳母猪每昼夜需饮水 5～10kg。

3. 乳房护理　母猪产后即用 49℃左右的温水擦洗乳房，可连续进行数天，这样既清洁了乳房，对母猪也是一种良好的刺激，特别是对于初产母猪效果更好。仔猪拱奶也是一种按摩，可使乳腺得到发育。应及早训练仔猪养成固定乳头吮乳的习惯。同时要经常检查母猪乳房、乳头，如有损伤，及时治疗。训练母猪养成两侧交替躺卧的习惯，便于仔猪吮乳。

4. 舍外活动　母猪在产后 3～4d，如果天气良好就可到舍外活动几十分钟。半个月后可带仔猪一起到舍外活动。在哺乳期使母猪适当增加运动和多晒太阳是有益的，当然要让母猪充分休息好。圈舍应保持清洁干燥。

第二节　仔猪培育技术

（一）早吃初乳，固定乳头

仔猪出生时缺乏免疫力，而母猪初乳中富含免疫球蛋白等物质，可发使仔猪获得被动免疫力；初乳中蛋白质含量高，且有轻泻作用的镁盐，可促进胎粪排出；初乳酸度较高，可弥补初生仔猪消化道不发达和消化腺机能不完善的缺陷；初乳中的各种营养物质，在小肠内几乎被全部吸收，有利于增长体力和御寒。因此，仔猪应早吃初乳，出生到首次吃初乳的间隔时间最好不超过 2h。

（二）加强保温，防冻防压

初生仔猪的体温调节机能不完善，冬季或早春寒冷季节应做好猪舍的防寒保暖工作。仔猪生后离开母猪很怕冷，舍温低于 10℃以下仔猪会挤成堆。母猪适宜产仔的舍温为 18～20℃，而仔猪适宜温度，1～3 日龄为 30～32℃，4～7 日龄为 28～30℃。所以必须给仔猪进行保温处理，常用红外线灯、暖床、电热板等方法给予加温。最初每隔 1h 让仔猪吃乳一次，逐渐延至 2h 或稍长时间，3d 后可让母猪带仔哺乳。

仔猪在出生后 1～3d 行动不灵活，同时母猪体力也未恢复，初产母猪又常缺乏护仔经验，常因起卧不当压死仔猪，所以除栏内安装护仔栏外，还应建立昼夜值班制度，注意检查观察，做好护理工作。

（三）均窝寄养

生产中常会出现一些意外情况，需要进行寄养。如一头母猪产仔过多，超过其可以哺乳的有效乳头数，而同期有的母猪产仔却比较少，乳头有剩余，也有的母猪因病产后泌乳不足或死亡。寄养的原则是要有利于生产，两窝产期相差不超过 3d，个体相差不大，要选择性情温驯、护仔性好、母性强的母猪负责寄养的任务。

为防止仔猪间及母仔间不相认的情况发生，除坚持上述原则外，利用其视觉较差而嗅觉灵敏的特点，采取夜并，且用母猪乳汁、尿液等涂抹于仔猪身体上的办法，使气味一致，达到促进母仔相认的目的。

（四）预防仔猪黄痢

早春昼夜温差大，加上抗病力弱，仔猪最易患病，除加强饲养管理外，还要制订科学的免疫程序。腹泻是哺乳仔猪最常见的疾病之一，一般以黄痢、白痢多见。引起发病的原因很多，多由受凉、消化不良、细菌感染等因素引起，要采取综合预防措施。产仔前彻底消毒产房，整个哺乳期保持产房干燥、温暖、空气清新，尤其要注意仔猪的保温。在母猪妊娠后期，按要求注射大肠杆菌 K88、K99 疫苗。除注射疫苗外，还要用药物预防。

（五）补铁和硒

铁是血红蛋白等重要生命物质的成分。仔猪出生时每千克体重约含铁35mg，每升母乳中仅含铁约 1mg，而仔猪正常生长每天需铁约 7mg，所以属于严重的供不应求，仔猪易贫血、生病、生长受滞，甚至死亡。补铁有多种方法：①产后 3～5d 用硫酸亚铁 2.5g，硫酸铜 1g，氧化钴 2.5g，冷开水1 000mL 配成溶液，滴在母猪乳头上，或直接滴在仔猪嘴里，每日 1～3 次，每头仔猪 10mL，以补充铁和铜。②产后 7d 仔猪颈部肌内注射铁钴合剂（按说明书使用）。③产后 3d 仔猪肌内注射右旋糖酐铁（按说明书使用）。④以红土补铁：在圈内放堆红土，任其舔食。⑤产后 3d 开始肌内注射亚硒酸钠（按说明书使用）。

（六）剪牙

出生时仔猪有尖锐的犬齿，用于取食、自卫和攻击，因此可能会咬破其他仔猪的头脸及母猪乳房和乳头等，为避免这些伤害，于出生第一天修剪此牙齿。按照福利饲养要求，淮猪仔猪不剪牙。

（七）断尾

通常在出生第一天断尾以阻止相互咬尾。一般用手术刀或锋利的剪刀切去最后3个尾椎即可，并涂药预防感染。淮猪仔猪不断尾。

（八）抓开食，进行补料

训练仔猪吃料叫开食。仔猪的体重及营养需要与日俱增，母猪的泌乳量在产后3～4周达到高峰期，以后逐渐下降。仔猪2周龄后母猪泌乳即不能满足其生长发育对营养的需求，供求矛盾越来越大，解决矛盾的办法就是补给高营养的乳猪料。同时，提早补料可以锻炼仔猪的消化器官及其机能，促进胃肠发育，防止下痢，为断奶打好基础。一般在5～7日龄时开始诱食，这是一件需要细致、耐心而又复杂的工作。特别是母猪乳量足的仔猪诱食更难。可在仔猪吮乳前将料涂在母猪乳头上；或将炒香的高粱、玉米或大小麦料撒在干净地上，让母猪带仔舔食；也可在乳猪料中加调味剂如乳猪香，让仔猪自由采食。在训练仔猪开食的同时，应训练仔猪饮清洁水，否则仔猪就会饮脏水或尿液，易致腹泻。

（九）抓旺食，提高断奶体重

仔猪20日龄以后随着消化机能渐趋完善和体重的迅速增加，食量也大增，进入旺食阶段。为了提高仔猪的断奶重和断奶后对成年猪饲料类型的适应能力，应加强这一时期的补料。此时必须喂给接近母乳营养水平的全价配合饲料，才能满足仔猪快速生长的需要，要求高能量、高蛋白、营养全面、适口性好、容易消化，每千克饲料含粗蛋白质18%以上，必需氨基酸品种齐全，赖氨酸含量达1%。

根据仔猪采食的习性，选择香甜、清脆等适口性好的青绿饲料，如切碎的南瓜、青菜等，加到精料中，促使仔猪多吃料。给仔猪适当补饲有机酸，可以提高消化道酸度，激活某些消化酶，提高饲料的消化率，并有抑制有害微生物繁殖、防止腹泻的作用。有机酸主要有柠檬酸、甲酸、乳酸和延胡索酸等。

仔猪进入旺食阶段，可适当增加喂食次数，每天 5～6 次，其中一次夜间喂（22 时以后）。喂干粉料或颗粒料，可以自由采食，也可采取白天顿喂，夜里自由采食；喂湿拌料，要注意槽底料不要霉变。

（十）淮猪仔猪培育的措施

对仔猪进行保温和"一早三补"。根据仔猪体温调节机能差的生理特点，在冬春季节猪舍采用暖风炉和暖棚保温，圈内仔猪保温箱采用红外线取暖灯、电热板等方法进行保温，确保仔猪出生后 3d 内活动场所温度维持在 32～35℃。仔猪 1 周龄后，开始降低保温区温度，此后每周降低 2～3℃，至 2 月龄时降至 22℃左右。"一早"即早吃初乳，仔猪出生后立刻帮助及时吃初乳，并在出生后 2～3d 内，进行人工辅助固定乳头。"三补"指补铁、补硒、补料，在仔猪 3～4 日龄开始补铁、补硒，注射右旋糖酐铁和亚硒酸钠；仔猪出生后 5～7d 起，用高效乳猪料诱食，确保 15～20 日龄仔猪会主动吃料。

（十一）断奶

1. 断奶时间　应根据猪场的性质、仔猪用途及体质、母猪的利用强度及仔猪的饲养条件而定。淮猪一般 45 日龄断奶。

2. 断奶方法　一般采用一次断奶法，也称果断断奶法，即当仔猪达到预定断奶日期时，断然将母仔分开的方法。由于断奶突然，极易因食物及环境突然改变而引起消化不良性腹泻，因此可在断奶的最初几天将仔猪仍留在原圈饲养，饲喂原有的饲料，采用原有的饲养管理方式。此法虽对母仔刺激较大，但因简单，便于组织生产，所以应用较广，规模化养猪场常采用该断奶方法。

断奶后维持三不变，即原饲料（哺乳仔猪料喂养 1～2 周）、原圈（将母猪赶走，留下仔猪）、原窝（原窝转群和分群，不轻易并圈、调群）。实行三过渡，即饲料、饲喂制度、操作制度逐渐过渡，减少断奶应激。

此外，还有分批断奶和逐渐断奶法，但不利于养猪生产的生物安全，故不推荐。

第三节　断奶仔猪的饲养管理

断奶仔猪又称保育猪，其生长发育快、对疾病的易感性高，需要精心喂养。饲养管理目标：过好断奶关，降低断奶应激，控制腹泻，提高仔猪育成率和生长速度。目前存在问题：断奶后产生应激综合征，表现为仔猪腹泻，拒食，生长停滞（甚至负增长），出现僵猪，甚至死亡。

一、断奶仔猪的生理特点

（一）生长发育快

断奶仔猪正处于一生中生长发育最快、新陈代谢最旺盛的时期，每天沉积的蛋白质可达 10～15g，而成年猪仅为 0.3～0.4g。因此，需要供给营养丰富的饲料，一旦饲料配给不善，营养不良，就会引起营养缺乏症，导致生长发育受阻。

（二）消化机能不完善

刚断奶的仔猪，由于消化器官发育不完善，胃液中仅有凝乳酶和少量的胃蛋白酶而无盐酸，消化机能不强，如果饲养管理不当，极易引起腹泻等疾病。

（三）抗应激能力差

仔猪断奶后，因离开了母猪开始完全独立的生活，对新环境不适应，若舍温低、湿度大、消毒不彻底等，就会产生应激，均可引起条件性腹泻等疾病。

（四）断奶仔猪易出现的问题

1. 生长受阻　断奶仔猪由于断奶应激，断奶后数天内可能出现食欲减退，营养不良，生长受阻，体重不仅不增加，反有可能下降，这个过程大约持续 1 周时间，是通常所说的"断奶关"。1 周之后才会慢慢适应，体重才会重新增加。

2. 仔猪腹泻　断奶仔猪由于采食饲料的成分完全改变，如果饲养管理不当，常会发生腹泻，临床表现为食欲减退、饮水增加、排黄绿色稀粪，死后剖检可见全身脱水，小肠胀满等变化。

3. 发生水肿　仔猪水肿病多见于断奶后1～2周内的肥胖仔猪，临床表现为突发性的头部水肿，叫声嘶哑，共济失调，惊厥和麻痹，死后剖检可见胃壁和肠系膜明显水肿。

二、断奶仔猪的营养

（1）由于断奶仔猪的消化系统发育仍不完善，生理变化较快，对饲料的营养及原料组成十分敏感，因此在选择饲料时应选用营养浓度、消化率都高的日粮，以适应其消化道的变化，促使仔猪快速生长，防止消化不良。

（2）由于仔猪的增重在很大程度上取决于能量的供给，仔猪日增重随能量摄入量的增加而提高，饲料转化效率也将得到明显的改善；同时仔猪对蛋白质的需要也与饲料中的能量水平有关，因此能量仍应作为断奶仔猪饲料的优先级考虑，而不应该过分强调蛋白质的功能。

（3）断奶仔猪在整个生长阶段生理变化较大，各个阶段生理特点不一样，营养需求也不一样，为了充分发挥各阶段的遗传潜能，应采用阶段日粮，最好分成三个阶段。第一阶段：断奶到体重8～9kg；第二阶段：体重8～9kg到15～16kg；第三阶段：体重15～16kg到25～26kg。第一阶段采用哺乳仔猪料。第二阶段采用仔猪料，日粮仍需高营养浓度、高适口性、高消化率，消化能13 807.2～14 225.6kJ/kg，粗蛋白质18%～19%，赖氨酸1.20%以上；在原料选用上，可降低乳制品含量，增加豆粕等常规原料的用量，但仍要限制常规豆粕的大量使用，可以用去皮豆粕、膨化大豆等替代。第三阶段，此时仔猪消化系统已日趋完备，消化能力较强，消化能13 388.8～13 807.2kJ/kg，粗蛋白质17%～18%，赖氨酸1.05%以上；原料选用上完全可以不用乳制品及动物蛋白（鱼粉等），而用去皮豆粕、膨化大豆等来代替。

三、断奶仔猪的保育措施

（一）减少断奶应激反应

所谓应激反应是仔猪对环境的突然改变产生的强烈反应。由于母猪、仔猪分开，仔猪通常表现为鸣叫、不安、食欲减少、对异常响声敏感。为减少应激反应，应做到"两个减少"：一是断奶前2～3d人为减少哺乳次数以增加采食，二是减少母猪饲料营养，增加粗纤维，以减少母猪泌乳量；"三个不变"：圈舍不变，饲料不变，饲养人员不变，仔猪断奶时把母猪赶到母猪舍，留下仔猪在产仔舍过渡3～5d，此阶段仍然喂给哺乳阶段饲料，同时这阶段不宜更换饲养人员，以便更好地熟悉和管理好仔猪。

断奶后5～6d内要控制仔猪采食量，以喂七到八成饱为宜，实行少喂多餐（一昼夜喂6～8次），逐渐过渡到自由采食。投喂饲料量总的原则是在不发生营养性腹泻的前提下，尽量让仔猪多采食。实践表明，断奶后第1周仔猪的采食量平均每天如能达到200g以上，仔猪就会有理想的增重。

为了缓解断奶应激，安全过完保育期，可使用一种抗应激饮水剂，对仔猪增重、预防腹泻发生有很好的作用，具体配方如下：水100kg、食盐3.5kg、亚硒酸钠维生素E注射液10支、电解多维50g、葡萄糖1 000g、恩诺沙星10g、碳酸氢钠200g。从仔猪进入保育舍开始，连续饮7d。

（二）提前对保育舍进行清洗消毒

断奶仔猪进入保育舍前，要对保育舍内、外进行彻底清扫、洗刷。保育舍彻底清洗干净后，严格消毒，地面可选择火焰或喷雾消毒法，空间可选择熏蒸消毒法，然后空舍一段时间后再进猪。仔猪进入保育舍后，要定期消毒（每周1～2次），及时清理粪尿等污物。

（三）适时转栏，合理分群

仔猪断奶转入保育舍后，要根据猪舍大小重新合理组群，其原则是：①转栏前1周，要检查保育舍食槽、饮水、排粪设备是否完好，进行全面消毒，为转栏做好准备。②根据仔猪日龄、体重、胎次合理分群，通常是让相近日龄、体重的仔猪合栏。③来源不同的仔猪要分栏饲养。④每窝个体偏小、体质偏弱的合群饲养。保持适宜密度，并群时夜并昼不并；要特别注意防止咬尾、咬耳等异食癖现象。

（四）做好调教，精心饲喂

1. 仔猪调教 仔猪转入保育舍，调教工作非常重要，固定的采食、排泄、睡觉习惯是保持猪圈小环境清洁的基础。因此，转栏1周内要反复调教，使仔猪建立条件反射。

训练的方法：排泄区的粪便暂不清扫，诱导仔猪来排泄，其他区的粪便及时消除干净。当有仔猪不到指定地方排泄，可用小棍哄赶并加以训斥。仔猪睡卧时，可定时哄赶到固定区排泄。经过 1 周的训练，可建立起定点睡卧和排泄的条件反射。

2. 调整日粮，合理饲喂　仔猪哺乳期的饲料应是适口性强、体积小、营养成分高、易于消化吸收的浓缩料，且具有松脆、香甜的良好特性，为此要做到以下几方面。

（1）断乳 2～3 周后日粮逐渐过渡到断乳料。

（2）饲喂次数不减少，特别是刚断乳 1 周内每日要夜间给食，确保每头仔猪都能吃到饲料。同时注意限量给料，以防采食过多，引起消化不良。2～3 周后逐渐减少采食次数，直到正常饲喂。

（3）断乳料中适当添加有机酸、抗生素，以帮助消化，防止发生腹泻。

3. 供给充足的清洁饮水　水是仔猪每日食物中最重要的营养，饮水不足，猪的采食量降低，直接影响到对饲料的消化吸收。仔猪保育舍每栏若饲养 10 头以上仔猪，应安装两个饮水器，有利于仔猪随时饮水。饮水可用自来水或深井水，最好采用乳头饮水方式（高度 25～35cm），单设水箱，以利投药；采用水槽饮水，要注意经常换水，保持水质清洁卫生。

4. 做好通风与保温工作，预防呼吸道疾病的发生　仔猪保育舍内要安装温度计和湿度计，以便随时了解室内的温度和湿度。适宜的环境温度为：断奶后 1～2 周，26～28℃；3～4 周，24～26℃；5 周后，20～22℃。各地可根据具体情况，在保育舍内安装取暖设备，农村常用的有煤火炉、热火墙等，取暖效果都不错。相对湿度应保持在 40％～60％为最佳。

因猪舍强调保温，门窗关闭较严，很容易造成圈舍内空气中的氨气、硫化氢等有害气体增多，对仔猪毒害较大，容易引起仔猪发生呼吸道疾病。因此，要根据猪舍建筑情况，在中午气温高的时候进行通风换气。有害气体允许浓度：二氧化碳 1 500mg/L，氨 20mg/L，硫化氢 6.6mg/L。

四、疫病防控

（一）全进全出

实行全进全出制管理，打破疾病在猪群之间的传播。每天检查猪只采食、

饮水、健康状况，及时处理病、残、死猪。

（二）定期消毒

猪舍定期消毒是切断传染病传播途径的有效措施。消毒时间要固定，一般每 3d 消毒 1 次。每次消毒前先将圈舍清扫干净，为了防止保育舍潮湿一般不提倡用水冲洗。至少要选购两种以上消毒剂，按预防性消毒说明配成消毒液，进行带猪消毒。

（三）驱虫

仔猪在保育期间，在体重 15kg 左右时，也就是保育将要结束时，统一进行一次驱虫。常用的驱虫药品有：阿维菌素、伊维菌素、左旋咪唑、丙硫咪唑等，具体用药量可根据猪的体重，按所选驱虫药品使用说明拌入饲料内，让猪一次性采食。

（四）常见病防控

1. 腹泻　　免疫预防：用猪流行性腹泻氢氧化铝灭活疫苗。本病往往与猪传染性胃肠炎混合感染，在免疫接种时，将这两种疫苗同时接种。特异性治疗：在确诊本病的基础上用高免血清进行治疗。对症治疗：包括补液、收敛、止泻，用抗菌药防止继发感染。

2. 水肿病　　发生水肿病后应及时隔离治疗，一般可采用对因疗法和对症疗法相结合的综合治疗方法。2.5%恩诺沙星注射液，每千克体重 0.1mL，肌内注射，每日 2 次，连用 3d；或用 20%磺胺嘧啶钠注射液 20～40mL、维生素 C 注射液 2mL、地塞米松 15mg、10%葡萄糖注射液 50mL，静脉注射，每日 2 次，连用 3d。

3. 猪呼吸道疾病综合征　　仔猪从断奶开始，每吨全价饲料内添加 80%支原净 125g 和土霉素 300g，连续投喂药 14d。

4. 副猪嗜血杆菌病　　主要危害 2～4 月龄的青年猪，特别是以 5～8 周龄的断奶仔猪最为易感，发病率为 10%～15%，病死率可高达 50%。

免疫预防：副猪嗜血杆菌多价灭活苗，仔猪 7 日龄首免，每头肌内注射 1mL；28 日龄二免，每头肌内注射 1.5mL。

第四节　生长育肥猪的饲养管理

一、生长育肥猪概述

生长育肥猪是猪的一生中生长、增重速度最快的阶段，也是饲料消耗较多的阶段，这一阶段对猪肉产品的质量起着决定性的作用。因此，要掌握生长育肥阶段猪的生长规律和特点，以采取科学合理的饲养管理方法，提供优良的饲养环境，加强防疫，让生长育肥猪健康生长、正常增重，以达到经济效益最大化的目的。

（一）生长育肥猪的生长规律

在生长育肥阶段，猪的生长速度非常快。体重为 $20\sim60kg$ 的阶段，猪的器官以及功能还处于发育阶段，还不健全，尤其是消化系统，对一些营养物质的消化和吸收功能还不完善，因此在饲养时要特别的注意。另外，因猪在这一阶段的生长速度快，对营养的需求要求较高，所以在猪体重还没有达到 $60kg$ 时，所提供的饲料的营养水平要相对的高一些。猪在体重为 $20\sim30kg$ 时主要生长的是骨骼，所以这段时期要提供充足的营养，尤其是氨基酸、矿物质的补充，要充足且及时。当猪体重达到 $60\sim70kg$ 时主要是肌肉的增长，并且可达到最高峰，所以要注意提供充足的蛋白质。猪的脂肪生长旺盛期则是在体重 $80\sim90kg$ 时，因此在这一阶段为了提高猪的酮体瘦肉率，需要进行限饲，特别要控制好饲料中的能量水平。当猪生长到一定的阶段时体重的增生速度开始减慢，继续饲喂会造成饲料的浪费，因此要做到适时出栏。

（二）营养需要

生长育肥猪的生长速度快、饲料利用率高，要根据其营养需要来提供适宜的饲料，以提高猪肉品质，降低料重比。一般情况下，能量的摄入量越高，增重的速度越快，饲料利用率也就越高，脂肪的沉积量也相应增加，但是瘦肉率则会降低，胴体的品质变差，因此能量的供应也不是越高越好。生长育肥猪对蛋白质的需要更为复杂，蛋白质的供应不但要满足猪对蛋白质的需要，还要充分考虑氨基酸间的平衡与利用率。适宜的蛋白质可以有效地改善猪肉的品质，因此生长育肥猪的日粮要有适宜的能蛋比。

除了能量和蛋白质外，还要注意其他营养物质，如矿物质、维生素、微量元素以及纤维素的供应量。矿物质和维生素是猪正常生长发育和增重的必需营养物质，如果缺乏或者不足不但会影响猪的增重，还会危及猪的健康，导致机体代谢紊乱，严重时会导致死亡。一般在生长期为了满足肌肉和骨骼的快速增长的营养需要，日粮中蛋白质、钙、磷的水平要相对的高一些，粗蛋白质含量为 $16\% \sim 18\%$，钙为 $0.5\% \sim 0.55\%$，磷为 $0.41\% \sim 0.46\%$。在育肥期为了避免体内脂肪沉积过量则要控制能量的水平，同时减少日粮中的蛋白质水平，粗蛋白质含量为 $13\% \sim 15\%$，钙为 0.46%，磷为 0.37%。虽然猪对粗纤维的利用率有限，但是日粮中也需要一定量的粗纤维，一方面可预防便秘，另一方面可以在限饲时增加饱腹感。但是不可过量使用，否则会导致饲料的适口性下降，猪的采食量下降，影响生长发育和增重。

二、生长育肥猪饲养管理

1. 合理分群　分群技术要根据猪的品种、性别、体重和吃食情况合理进行，以保证猪的生长发育均匀。分群后经过一段时间饲养，要随时进行调整分群。

肥育猪一般多采用群饲，其既能充分利用猪舍建筑面积和设备，提高劳动生产率，降低养猪成本，又可利用猪群同槽争食，增进食欲，提高增重效果。分群时必须并窝，并窝应根据猪的生活特性，实行留弱不留强、拆多不拆少、夜并昼不并的办法。一般在固定圈内饲养，每群以 10～20 头为宜。在舍内饲养、舍外排粪尿的密集饲养条件下，每群以 40～50 头为宜。

猪在新合群和调入新圈时，要及时加以调教，防止强夺弱食，应备足食槽，保证每头猪都能吃饱；对霸槽争食的猪要勤赶、勤教。训练"三点定位"（采食、睡觉、排泄地点），使猪养成良好的习惯，形成条件反射，保持猪舍清洁、干燥，有利于猪的生长。

2. 饲喂定时、定量、定质　定时指每天喂猪的时间和次数要固定，这样不仅使猪的生活有规律，而且有利于消化液的分泌，提高猪的食欲和饲料利用率。

要根据具体饲料确定饲喂次数。精料为主时，每天喂 2～3 次即可，青粗饲料较多时每天要增加 1～2 次。夏季昼长夜短，白天可增喂一次，冬季昼短夜长，应加喂一顿夜食。饲喂要定量，不要忽多忽少，以免影响食欲，降低饲料的消化率。要根据猪的食欲情况和生长阶段随时调整喂量，每次饲喂掌握在八九成饱为宜，使猪在每次饲喂时都能保持旺盛的食欲。饲料的种类和精、粗、青比例要保持相对稳定，不可变动太大，变换饲料时，要逐渐进行，使猪有个适应和习惯的过程，这样有利于提高猪的食欲以及饲料的消化利用率。

3. 饲喂方式　饲喂方式可分为自由采食与限制饲喂两种。自由采食有利于日增重，但猪体脂肪量多，胴体品质较差。限制饲喂可提高饲料利用率和猪体瘦肉率，但增重不如自由采食快。可采用前促后控饲养法，即前期（体重60kg以下）利用猪主要长瘦肉的特点，采用自由采食法；后期（体重60kg以上）利用猪脂肪生长快的特点，实行限制饲养。

4. 饮水　最好选用自来水，确保饮水的洁净度。要保证猪随时可饮到清洁的水，最好在冬春季给温水，夏季给凉水。喂料时应保持水槽不断水。水是调节体温、饲料营养的消化吸收和剩余物排泄过程不可缺少的物质，猪食入1kg饲料需要2.5～3.0kg水才能保证饲料的正常消化和代谢。实际生产中，切忌以稀料代替饮水，否则会造成不必要的饲料浪费。

5. 猪舍环境控制

（1）卫生　猪舍要坚持每天清扫并及时将粪、尿和残留饲料运走；从仔猪开始，即训练定点排便。

（2）温度　育肥猪的适宜生长温度为15～23℃。当温度过高时，猪就会烦躁不安、气喘、食欲下降，代谢增强，饲料利用率也降低。当温度过低时，猪会相互拥挤，用于维持体温的热能增多，采食量增加，不但浪费了饲料，而且猪的体重下降。因此，夏季要做好防暑工作，增加饮水量；冬季要防寒，要喂温食，必要时修建暖圈。

（3）光照与通风　育肥猪舍内光照应暗淡，以使猪能得到充分地休息。保持通风状况良好和足够的通风量，使空气清新，以降低氨气、硫化氢的浓度，避免浆膜性肺炎等呼吸道病的发生。

（4）饲养密度　饲养密度可随着季节的变化加以调整。例如，在寒冷季节，每栏可多放养1～2头猪；在炎热的夏天，可减少1～2头。

6. 防疫与驱虫　依据猪群的免疫状况和疫病的流行情况，结合当地和本场的具体疫情制定相应的免疫预防方案，选择科学合理的免疫程序。肥育前

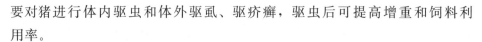
要对猪进行体内驱虫和体外驱虱、驱疥癣，驱虫后可提高增重和饲料利用率。

7. 去势　去势后，性器官停止发育，性机能停止活动，猪表现安静，食欲增强，同化作用加强，脂肪沉积能力增加，日增重可提高 7%～10%，饲料利用率也提高，而且肉质细嫩、味美、无异味。

8. 防止过度运动和惊恐　生长猪在育肥过程中，应防止过度的运动。过度运动不仅消耗体内能量，更严重的是容易使猪患上一种应激综合征，突然出现痉挛，四肢僵硬，严重时会造成猪只死亡。

三、商品猪标准化安全生产技术

2007 年以来，东海种猪场先后制定并实施了《淮猪》（Q/320722BB 01—2008）、《淮猪保种选育与特色商品猪猪场畜牧生产技术规程》（Q/320722BB 04—2008）、《淮猪保种选育与特色商品猪猪场疫病防治技术规程》（Q/320722BB 03—2008）、《淮猪屠宰加工操作规程》（Q/320722BB 01—2009）、《淮猪肉及肉制品》（Q/320722BB 02—2009）5 个企业标准及《地理标志保护产品　东海（老）淮猪肉》（DB32/T 1545—2009）、《淮猪生产技术规程》（DB32/T 2161—2012）2 个江苏省地方标准。通过标准化生产确保商品猪质量和安全，淮猪及淮猪特色商品猪生产的猪肉系列产品达到无公害或绿色食品标准。

1.《淮猪》（Q/320722BB 01—2008）　本标准规定了淮猪的品种特征特性，种猪评定、检测方法，种猪出场条件。旨在保持淮猪繁殖率高、适应性强、耐粗饲和肉质优良等优良性状的基础上，通过选育提纯复壮，进一步提高淮猪的生长速度（日增重）、饲料转化率（料重比）和胴体瘦肉率。

2.《淮猪生产技术规程》　本标准规定了淮猪配种与繁殖、营养与饲料、饲养与管理、卫生消毒、免疫程序与免疫注射注意事项、驱虫、档案资料的基本要求。

3.《淮猪保种选育与特色商品猪猪场畜牧生产技术规程》　本标准规定了东海淮猪和特色安全优质商品猪生产组织与管理、淮猪保种与选育、配种与繁殖、营养与饲料、饲养与管理的基本要求。本标准重点是种猪场与商品猪生产场实行"六统一"的饲养模式，即统一生猪品种、统一饲料供应、统一技术服务、统一消毒防疫、统一饲养管理、统一收购加工，确保淮猪特色商品猪生产过程中饲料、饲料添加剂和兽药等投入品完全符合无公害或绿色食品生产的要求。特别是强调在使用兽药、饲料、饲料添加剂过程中严禁使用违禁药物和严格执行休药期制度，从源头控制淮猪及淮猪特色商品猪的肉品质量和卫生安全。

4. 《淮猪保种选育与淮猪特色商品猪猪场疫病防治技术规程》 本标准规定了东海淮猪保种选育与淮猪特色商品猪猪场兽医总则、兽医的职责、卫生消毒、消毒药的使用、免疫程序、免疫接种注意事项、抗体检测、发生疫情的处置、猪病的诊断与治疗的基本要求。本标准的重点是规定了卫生消毒的要求和消毒药品的选择与使用、免疫程序和抗体检测。其目的是防控猪场重大疫情，特别是人畜共患病的发生。

5. 《淮猪屠宰加工操作规程》 本标准规定了淮猪屠宰加工的操作规程与分割加工、成品分割肉包裹与包装的基本要求，确保淮猪肉及其产品的品质和安全。

6. 《淮猪肉及肉制品》 本标准规定了淮猪肉安全质量指标要求、产品理化指标、检验方法、检验规则、包装标志与标签、贮存与运输的安全的基本要求。本标准制定的有关有毒有害物质的限量、微生物指标限量、肌肉品质风味等指标均高于《无公害食品 猪肉》（NY 5029—2008）的要求，达到了《绿色食品 肉与肉制品》（NY/T 843—2004）的要求，基本接近日本《食品中农业化学品残留限量》和欧盟《食品中农兽药残留限量标准》。肌肉品质指标体现了地方优质猪的风味特点。

7. 《地理标志保护产品 东海（老）淮猪肉》 本标准规定了东海（老）淮猪肉产品的保护范围、术语和定义、质量技术要求、试验方法、标签、标志、包装、运输和贮存。从商品猪生产到生猪的屠宰加工等均进行了规范，确保了东海（老）淮猪肉产品的质量与安全。

以上 7 个标准，涉及淮猪品种、饲养、屠宰、肉及肉制品加工和贮运各个环节。

四、疫病监测和科学免疫

对猪场口蹄疫、猪瘟、猪伪狂犬病、猪繁殖与呼吸综合征等疫病定期（6个月）或不定期进行诊断、监测，制定了合理免疫方案和程序。

根据淮猪及特色商品猪免疫程序，并结合疫苗使用要求，制定淮猪及特色商品猪各个阶段免疫时间（表 6-1 至表 6-5）。

表 6-1 仔猪的免疫

免疫接种时间	预防疫病	疫 苗	
7～10 日龄	猪气喘病	首免猪支原体肺炎（气喘病）灭活苗	
21～25 日龄	猪繁殖与呼吸综合征	首免猪繁殖与呼吸综合征（蓝耳病）灭活苗	
	猪瘟	首免猪瘟弱毒苗 3～4 头份	
25～30 日龄	仔猪副伤寒	仔猪副伤寒疫苗	
	猪支原体肺炎（气喘病）	二免猪支原体肺炎（气喘病）灭活苗	
28 日龄	口蹄疫	首免猪口蹄疫 O 型灭活苗	
49～53 日龄	猪繁殖与呼吸综合征	二免猪繁殖与呼吸综合征（蓝耳病）灭活苗	
	口蹄疫	二免猪口蹄疫 O 型灭活苗	
65～70 日龄	猪瘟	二免猪瘟弱毒苗 2～3 头份	或猪瘟、猪丹毒、猪肺疫三联苗
	猪丹毒、猪肺疫	猪丹毒、猪肺疫二联苗	

表 6-2 5～7 月龄后备母猪的免疫

免疫接种时间	预防疫病	疫 苗
配种前 20～30d 注射一次	猪瘟、猪丹毒、猪肺疫	猪瘟、猪丹毒、猪肺疫三联苗 2 头份
3 月 25 日至 4 月 5 日注射一次	猪乙型脑炎	猪乙型脑炎弱毒苗
配种前 15～20d 和配种后 15～20d 各注射一次	猪伪狂犬病	猪伪狂犬病弱毒苗或基因缺失灭活苗
5 月龄和 6 月龄各注射一次	猪细小病毒病	猪细小病毒病灭活苗
配种前 20～30d 注射一次	猪繁殖与呼吸综合征（蓝耳病）	猪繁殖与呼吸综合征（蓝耳病）灭活苗
配种前 30～40d 注射一次	猪支原体肺炎（气喘病）	猪支原体肺炎（气喘病）灭活苗
6～7 月龄注射一次	猪口蹄疫	猪口蹄疫 O 型灭活苗

表 6-3 生产母猪的免疫

免疫接种时间	预防疫病	疫 苗
产前 30d 或产后 20d 注射一次	猪瘟、猪丹毒、猪肺疫	猪瘟、猪丹毒、猪肺疫三联苗 2 头份
产前 40d 和 15d 各注射一次	仔猪黄痢	仔猪大肠杆菌 K88、K99、K987P 疫苗或三价灭活苗
每隔 4～6 个月注射一次	猪繁殖与呼吸综合征（蓝耳病）	猪繁殖与呼吸综合征（蓝耳病）灭活苗

（续）

免疫接种时间	预防疫病	疫 苗
3 月 26 日至 4 月 5 日注射一次	猪乙型脑炎	猪乙型脑炎弱毒苗
配种前 21～28d 或产后 14d 注射一次	猪细小病毒病	猪细小病毒病灭活苗
产前 28～42d 注射一次	猪伪狂犬病	猪伪狂犬病弱毒苗或基因缺失灭活苗
配种前 21～28d 注射一次	猪支原体肺炎（气喘病）	猪支原体肺炎（气喘病）灭活苗
每隔 4～6 个月注射一次	猪口蹄疫	猪口蹄疫 O 型灭活苗

表 6-4　种公猪的免疫

免疫接种时间	预防疫病	疫 苗
每隔半年注射一次	猪瘟、猪丹毒、猪肺疫	猪瘟、猪丹毒、猪肺疫三联苗 2 头份
每隔半年注射一次	猪细小病毒病	猪细小病毒病灭活苗
3 月 26 日至 4 月 5 日注射一次	猪乙型脑炎	猪乙型脑炎弱毒苗
每隔半年注射一次	猪气喘病	猪支原体肺炎（气喘病）灭活苗
每隔 4～6 个月注射一次	猪繁殖与呼吸综合征（蓝耳病）	猪繁殖与呼吸综合征（蓝耳病）灭活苗
	猪口蹄疫	猪口蹄疫 O 型灭活苗

表 6-5　8 月龄以上出栏育肥猪的免疫

免疫接种时间	预防疫病	疫 苗
7 月龄时注射一次	猪瘟、猪丹毒、猪肺疫	猪瘟、猪丹毒、猪肺疫三联苗
	猪繁殖与呼吸综合征	猪繁殖与呼吸综合征（蓝耳病）灭活苗
	口蹄疫	猪口蹄疫 O 型灭活苗
	猪胸膜肺炎	可根据情况酌情选用

注：①8 月龄以下出栏的育肥猪免于注射。②猪繁殖与呼吸综合征（蓝耳病）灭活苗在屠宰前 21d 停止注射。

五、采取免疫标识及疫病可追溯技术

采取动物标识及疫病可追溯技术，实行动物免疫耳标、免疫证和免疫档案三位一体的动物防疫标识管理。生猪在进行重大动物疫病免疫接种时，加施免疫耳标，进行免疫登记，建立免疫台账，实行一猪一号。免疫标识便于生猪在生产、流通、加工等任何一个环节实现可追溯。

第七章
淮猪疫病防控

第一节　猪场生物安全

猪场生物安全是指在养猪生产中防止猪病传染源进入猪场，侵袭猪群，造成疫病流行的技术措施，包括防止病原微生物和寄生虫进入猪场，防止已侵入猪场、猪群中的病原微生物和寄生虫传染给其他猪或扩散到场区，增强猪体自身免疫力，防疫免疫制度的建立等。近年来，不少猪场因在生物安全管理方面出现漏洞，导致猪病不断、效益低下，教训深刻。

一、场址

猪场的位置应尽可能远离其他猪群及病原污染地，猪场三个功能区，即管理与生活区、生产区和生产辅助区，布局要有利于卫生防疫和饲养管理。猪场场址选择和布局应符合国家相关标准，这是影响猪场生物安全管理的重要因素。

二、进入猪场的人员管理

进入猪场的人员，因其在场外可能到过其他猪场或接触过其他猪群、病原污染物，可能成为疾病的传播因素，应严格控制。要充分发挥门卫在生物安全体系中的重要作用，门卫是所有人员和物资进入猪场的第一道关卡。门卫人员的责任心是最重要的，必要时做绩效考核，以督促门卫工作认真负责。所有人员进入猪场都是按照门卫的指示，进行换鞋-洗澡进入；所有物资消毒也是由门卫负责管理。

（一）所有人员进场必须严格执行下列规定

（1）未经猪场负责人和兽医的许可，任何人员禁止进入场区。

（2）任何人员进入生产区前必须在场外隔离72h以上，方可进入。

（3）所有进入场区的外来人员必须登记信息，包括姓名、工作单位、来访因由、最近一次接触包括活猪在内污染敏感区域的地点以及具体时间。

（4）休假或者离开生活区的本场员工再次进入生产区之前，必须在猪场生活区内完成至少两晚一日的隔离。

（5）休假或者离开生活区的本场员工再次进入生产区之前尽可能避免接触包括活猪在内的敏感污染物，若发生过接触，则应该执行自接触时起的96h隔离。

（6）搭乘24h以内受过污染的运载工具并准备进入猪场生活区的人员必须进行96h的隔离。

（7）任何带进猪场的物品必须经紫外线照射30min方可入场。

（8）人员进入场区前必须经过喷雾消毒后方可进入。

（二）进场人员的消毒程序

1. 进入生活区的消毒程序

（1）鞋底在消毒盆中消毒，进入门卫室脏区。

（2）用消毒液洗手消毒。

（3）更换场内的防疫鞋，将场外的鞋子放到指定鞋柜内。

（4）进入门卫室净区，填写到场相关记录。

（5）随身携带物品放入消毒间内紫外线照射或喷雾消毒30min。

（6）进入生活区应先进行喷雾消毒并隔离48h后，经允许后进入生产区。

2. 进入生产区的消毒程序

（1）将随身携带物品放入紫外线消毒柜消毒。

（2）到洗澡间门口脱下在生活区穿的防疫鞋，更换拖鞋进入洗澡间。

（3）将生活区内穿的衣服脱下，放入对应编号的柜子中。

（4）洗澡10min，用生产区备用的毛巾擦干身体后，穿上生产区统一配置的工作服。

（5）在洗澡间门口更换在生产区内穿的白色防疫鞋，从消毒柜中取出自己的手机、电脑、记录本等物品。

（6）上述程序完成后，方可进入生产区。

3. 进舍消毒程序

（1）进入猪舍前，要将在生产区内穿的白色防疫鞋更换成在猪舍内穿的黑色工作雨鞋。

（2）踩踏猪舍门口盛有消毒液的消毒盆，对黑色雨鞋进行消毒。

（3）消毒液要坚持每天进行更换。白色防疫鞋及黑色雨鞋分别是在生产区及猪舍内穿的，不能混穿。

三、进场物资的管理

所有的物资进入猪场前都要进行消毒。对于熏蒸消毒间，需要有多层镂空架子将房间分为脏区和净区。消毒前是外部人员在脏区将物品放到架子上，消毒后是由内部人员将物品从净区拿走。对于物资从生活区进入生产区，最好将外层包装拆掉。内部药品可以通过塑料筐带入生产区，塑料筐只是从消毒间净区到生产区来回流动，禁止被带到消毒间脏区以及外部。

四、进入猪场的车辆管理

因车辆在不同的猪群间、猪场间及其他地方来回行驶，因而是很危险的疫病传播媒介，必须进行严格管理和消毒。

1. 猪场内部车辆的管理

（1）仅供生产区内使用的车辆，不能出生产区，每次使用后均应严格冲洗、消毒，晾干后再用。

（2）猪场间转运猪的车辆，使用后应消毒烘干，在指定地点停放 24h。

（3）到客户猪场转运猪的场内车辆，使用后应消毒烘干，在指定地点停放 48h。

（4）每次冲洗、消毒完毕，应填写使用、消毒记录。

2. 猪场外来车辆的管理

（1）禁止外来的运猪车进入生产区。

（2）外来运猪车辆应在指定的洗消中心，在猪场消毒人员的监督下，经彻底清洗、消毒后，才能用于猪只转运。

（3）外来送料车需进入生产区饲料房时，司机和车辆均需按要求，在门卫的监督下经严格消毒后（含驾驶室）方可进入。

（4）所有车辆进入猪场的消毒程序：司机在门口登记并换穿猪场备用的工作服和鞋，门卫用清洗机对车体和车轮进行清洗和消毒；驾驶室中的脚踏垫应拿出来冲洗消毒，驾驶室用臭氧消毒 30min。需进入生产区的车辆，应在生产区门口专用汽车消毒通道喷雾消毒 1min 以上，司机经洗澡、消毒、换穿生产区备用的衣服和鞋后方能上车。

五、生产区内的消毒管理

只有对生产区严格按规定程序开展消毒管理，才能确保安全生产。

1. 场区消毒　场区内道路、猪舍外的赶猪道、装猪台、生物坑为消毒重点，每周三集中消毒一次。

2. 空舍消毒

（1）猪舍腾空后，应先用高压消毒机将圈栏、猪床、地面、漏缝地板、墙壁和食槽等处冲洗干净，干燥后用洗衣粉溶液浸泡 4h，之后再用消毒液进行全面消毒。

（2）间隔 1d 再重复消毒 1 次，第二次消毒结束后 12h，再用高锰酸钾、甲醛熏蒸消毒 2d。空圈 1 周后方可进猪。

3. 带猪消毒

（1）每周用消毒液对猪体及猪舍喷雾消毒 1～2 次，每立方米空间用消毒液 1～2L，喷雾颗粒直径 40～80μm。有疫情或有疫情压力时，可适当增加消毒次数。

（2）母猪转入分娩舍前，先用温水清洗猪体后，再用消毒液进行体表消毒。

（3）初生仔猪剪耳号、去势，伤口用碘酊消毒；断尾的创口，通过灼烧方式消毒。

（4）母猪临产时，用消毒液清洗乳房和阴部。产仔完毕后，再对母猪后躯、乳房和阴部进行消毒处理，对产房地面应清扫干净、消毒。

4. 剖检室消毒　每次使用后，除将尸体装入带有内膜的塑料袋送无害化处理场处理外，剖检室应立即用高浓度的消毒液彻底消毒。

5. 器械消毒　对注射器、针头、手术器械等，清洗干净后高压灭菌 30min，烘干备用。

六、疫苗免疫

合理的疫苗免疫可以提高猪群抵抗力，有效降低病原微生物对猪群的侵袭。

1. 制订符合本场实际的免疫程序   猪场的疾病情况不同，免疫程序亦不相同。因此，猪场应根据自身特点以及当地疫病流行规律，以严格的血清学检测结果为依据，制订符合本场生产实际的免疫程序，才是科学的免疫程序。

2. 定期检测免疫抗体水平   为了监测猪群的健康状况，了解疫苗的免疫效果，应定期对猪群进行抽样和全群检测。如果抗体水平没有达到规定值，应查找、分析原因，及时采取相应的补救措施。

3. 免疫注意事项

（1）疫苗要根据要求的条件进行贮存，稀释后要在 2h 内用完。

（2）注射器要用蒸馏水清洗，不能用酒精等消毒剂清洗。

（3）注射疫苗时应做到一猪一针头。

（4）要准备好肾上腺素，用于处理应激猪。

（5）同时接种两种疫苗时要分边注射，疫苗注射后若出现流血现象，要进行补充注射。

（6）认真做好免疫记录。

七、药物预防

除了用疫苗免疫外，在猪病较为多发的时期，使用适当的药物预防猪细菌性和寄生虫性疫病也是一项重要措施。但是药物预防也有不足之处：第一，增加费用；第二，是药三分毒，毒副作用是难免的；第三，容易使病菌产生耐药性，为以后的治疗带来不利；第四，对于病毒性疾病，一般的药物预防作用有限。应通过加强生物安全措施，提高猪只的抗病能力，尽可能减少抗生素等药物的使用，并严格执行休药期，生猪屠宰前 7～15d 停止用药。

要选择符合无公害猪生产标准的、经药敏试验筛选的敏感药物进行预防。通常是猪的饲料或饮水中加入某些药物：一种是增强机体抵抗力的药物，如黄芪多糖、电解多维等；一种是防止细菌感染的抗生素类药物；还有一种是特殊时期的用药，如高温季节的小苏打，大风降温时使用病毒灵，长途运输时使用抗应激药物等。在饲料和饮水中加入药物一定要慎重，药物的滥用会造成许多不良后果，如耐药菌株的形成、猪体内正常菌群的失调以及猪产品中药物残留。加入的药物一定要与饲料或饮水充分混匀，因为药物预防剂量都很小，如果不充分混匀，则可能出现有的猪因未摄入足量药物而达不到预防效果，而有的猪有可能因摄入过量药物而出现中毒。

八、引种、隔离管理

因猪场疾病情况不同及运输途中存在感染风险，引种是引进疾病的最重要危险因素之一，应采取合理的生物安全措施予以防范。

（1）不能从多个种猪场引种。

（2）引种前，应对所引后备猪开展蓝耳病、猪瘟、伪狂犬病、口蹄疫的抗体检测及流行性腹泻病毒的抗原检测，以确保引种安全。

（3）用经过严格消毒的车将检测合格的后备猪运至隔离舍，隔离时间不低于 4 周，在隔离结束前 1 周内，应再次进行采样检测。

（4）对隔离期检测合格的后备猪，按 1∶10 比例使用淘汰母猪进行混养，或使用淘汰母猪的粪便进行接触，混养时间不低于 4 周。

（5）混养后的后备猪单独饲养期限不低于 4 周。

（6）经上述程序处理后的后备猪，完成既定免疫程序后，应再次进行采样检测，合格者才能参与配种。

（7）在隔离舍工作的饲养员不能到其他猪舍喂猪，其工具也不能与其他舍混用，以免相互传播疾病。

九、老鼠、苍蝇和鸟类的防护

老鼠、苍蝇和鸟类可传染疾病，给养猪生产带来危害，应严加控制。

（1）在场区内老鼠的行进路线上，每隔 15m 要放置毒饵盒，定时检查是否有毒饵。

（2）每季度全场要进行一次全面灭鼠工作。

（3）猪舍要安装防鸟网，要及时检查料塔下面有无漏料，防止引来鸟类。

（4）蚊蝇繁殖季节，每月用对猪无毒害的药物进行灭蚊蝇工作。

十、死猪处理

死猪处理必须按国家有关规定，进行无害化处理。当天应将死猪用带有内膜的塑料袋送至生物坑、焚尸炉做无害化处理，不能使之接触地面，要填写完整的猪只死亡分析记录。生物坑必须用盖盖严，防止动物或鸟类取食尸体引起疾病传播，每月往坑内加一次 10％氢氧化钠溶液，周围铺撒石灰。参与死猪处理的人员必须换上专用衣服和鞋子，尸体处理完毕后不得返回猪舍，等第二天洗澡更衣后方可进入。拉运死猪的车未经严格冲洗、消毒、晾干，不能回生产区。生物坑应距离猪舍100m以上，位于猪舍下风向。

十一、猪群的健康检测与评估

定期对猪群的健康状况进行检测与评估，可对猪场内部的猪病流行态势做到心中有数，以便在采取防范措施时能做到有的放矢，这是猪场生物安全管理措施中不可缺少的重要环节。

1. 猪群日常的巡查　每天应对猪群进行两次健康检查，观察采食量、饮水情况、精神状态、被毛和皮肤、粪便和尿液等是否发生异常，对发生异常的猪群应及时查找原因，采取对应防范措施。尤其是对病猪，采取下列措施：

（1）发现病猪要及时做好标记。

（2）仔细检查猪只发病情况，初步判断病因。

（3）严重者要挑到病猪栏治疗。

（4）跟踪治疗效果，使用超过2种治疗方案无效的，要立即处死。

2. 定期开展血清抗体检测　每季度应对各类猪群，抽血检查蓝耳病病毒、伪狂犬病病毒、猪瘟病毒、圆环病毒2型等，监测猪群健康状况。根据抗体变化情况对猪病流行态势进行分析、评估，制订相应的防范措施。

十二、售猪管理

售猪过程涉及与外来运猪车辆的接触，存在将外来疫病传入的风险，因此应对整个过程进行严格管理。运猪的车辆，特别是运送屠宰猪到屠宰场的车辆、运送死猪进行处理的车辆传播疫病的风险很高。

（1）售猪房、出猪台应建在场区围墙之外，禁止外来运猪车入场。

（2）售猪房要配备专门的清洗消毒设备，设置专用排污沟，确保污水不能流回生产区。

（3）售猪房的场内区域与场外区域严格分开，生产区人员不能进入场外区域。

（4）售猪人员要穿特制颜色的工作服，并单独洗涤消毒。

（5）赶到售猪房的猪只不能再返回猪舍继续饲养。

（6）运猪车来场前，应先在指定地点清洗干净并消毒。

（7）售猪完成后应立即对售猪房相关设施冲洗消毒，填写消毒记录表。

十三、粪污处理

猪场应按国家环保要求安装粪污处理系统，确保达标。未经处理或处理不达标的粪污不仅危害猪群健康，而且对生态环境也造成了极大的影响。及时有效处理粪污对维持高效生产以及保护生态环境意义重大。养猪场粪污处理技术主要有生物处理技术、物理处理技术、化学处理技术和自然处理技术。粪污处理要因地制宜，养殖者应根据自身的养殖规模、生产模式、经济实力，结合周边生态环境以及土地承载能力等情况，有针对性地选择处理模式以及处理工艺。详见第八章第四节。

第二节　主要传染病的防控

一、猪瘟

猪瘟是由猪瘟病毒引起猪的一种高度接触性、出血性和致死性传染病，世界动物卫生组织（OIE）将其列为必须报告的动物疫病，我国将其列为一类动物疫病。有些国家已消灭了该病，如加拿大、新西兰、西班牙、美国等。但目前在东南亚、美洲和欧洲都有流行，尤其是东南亚，是猪瘟的重灾区。

严禁从有猪瘟的国家和地区引进生猪和猪肉产品。对发生猪瘟的猪群采取紧急措施，立即对猪场进行封锁，扑杀病猪，并作无害化处理，然后进行彻底消毒。预防猪瘟通常采用疫苗接种。我国研制成功的猪瘟兔化弱毒疫苗安全有效，无残留毒力，免疫接种 4d 后即有保护力，是世界公认的好疫苗。疫苗品种有 ST 传代细胞苗、牛睾丸原代细胞苗及兔体脾淋苗，可根据疫苗中的抗原含量和是否有过敏反应来进行选择。母猪在产前一个月免疫或每年普免两次；公猪每年免疫两次；仔猪可在 25～28 日龄首免（有条件的猪场应进行母源抗体监测，以确定疫苗首次免疫的时间），并在 55～58 日龄时进行二免。有条件的种猪场可通过加强免疫、抗体监测和淘汰野毒隐性感染猪，配合严格的生物安全措施，实施猪瘟净化。2017 年年底被批准上市的"猪瘟病毒 E2 蛋白重组杆状病毒灭活疫苗（Rb-03 株）"免疫接种后可区分免疫猪和野毒感染猪，有利于猪瘟的净化。

二、非洲猪瘟

非洲猪瘟是由非洲猪瘟病毒引起猪、野猪的一种急性、热性、高度接触性传染病。各种年龄的猪均易感。非洲猪瘟的主要特征是高热，皮肤和内脏器官严重出血，发病过程短，死亡率可高达 100％。该病主要存在于非洲以及欧洲部分地区，我国将其列为一类动物疫病，是重点防控的外来病，但 2018 年 8 月沈阳报道了我国第一例非洲猪瘟疫情。

到目前为止，全球还没有可用于免疫的非洲猪瘟疫苗，也没有有效的治疗方法。防控非洲猪瘟的主要方式是加强生物安全措施。

（1）严禁从有疫情风险的猪场或区域引进猪、野猪及相关产品，新引进种猪应严格隔离 30～45d。

（2）建立并严格执行动物防疫制度，做好猪瘟等常发病疫病的免疫。

（3）严禁使用未经高温处理的餐馆、食堂的泔水或餐余垃圾饲喂生猪。

（4）杜绝家养猪与野猪接触的机会，清除猪场内可能存在的软蜱等昆虫。

（5）可对猪群进行非洲猪瘟抗体或/和病原的监测。

（6）加强环境消毒，最有效的消毒药物是 10％苯酚，2％氢氧化钠溶液，含 2.0％～2.3％有效氯的次氯酸钠或次氯酸钙，0.3％福尔马林，3％邻苯基苯酚和碘混合物也可灭活该病毒。酒精和碘化物适用于人消毒。

三、口蹄疫

口蹄疫俗称"口疮""蹄黄"，是由口蹄疫病毒引起包括猪在内的偶蹄动物的一种急性、发热性、高度接触性和高度传染性的动物疫病，临床特征是口腔黏膜、蹄部和乳房皮肤发生水疱和溃烂。本病在世界各地均有发生。口蹄疫发生后，不但疫区动物要扑杀、疫区和非疫区间的活畜和畜产品交易受到严格限制，更为严重的是畜产品国际贸易会立即断绝，从而使有口蹄疫的国家或地区外贸收入和经济发展遭受重大损失。因此，世界动物卫生组织（OIE）将口蹄疫列为必须报告的第一号动物疫病，我国亦将其划入需重点防控、强制免疫的一类动物传染病。

由于口蹄疫在我国已呈地方流行性，所以国家采取的是强制免疫政策。口蹄疫疫苗品种较多，有 O 型单价苗和 O 型＋A 型二价苗，单价或多价合成肽疫苗，由于不同型以及同型不同流行毒株之间，交叉保护性都比较差，因此应根据区域内口蹄疫的流行情况选择合适的疫苗。当前有些疫苗生产厂推广的高效浓缩苗由于其抗原含量高并且进行了纯化，其免疫效果要明显优于常规疫苗。推荐的免疫程序：母猪，每年 2～3 次；后备母猪、青年公猪，配种前免疫 1 次；公猪，每 4 个月接种 1 次；保育猪，8～9 周龄首免（有条件时可进行母源抗体的监测，以确定首免日龄）；育肥猪，12 或 13 周龄加强免疫 1 次；紧急状况时，如周围猪场爆发，需要全场加强免疫 1 次。

加强生物安全管理是预防口蹄疫有效的手段：①加强运输车辆的管理，进出车辆应严格清洗消毒（条件具备时，可在远离猪场 1～3km 的地方设立车辆消毒中心），售猪时不要让外人和车辆进入猪场，内外运输工具应该分开，去屠宰场的车辆返回时应彻底冲洗消毒，进场前应重新消毒，进入猪场的物品应消毒。②不要食用外面的猪肉、牛肉和羊肉，生活用肉食本场内自行解决。③禁止饲养员、兽医去农贸市场、屠宰场，出场后回来要进行严格的消毒和隔离。④对病死猪应严格实施无害化处理。

四、猪繁殖与呼吸综合征

猪繁殖与呼吸综合征又称猪蓝耳病，是由猪繁殖和呼吸综合征病毒引起猪的一种急性、高度传染的传染病，临床以妊娠母猪流产，仔猪和育肥猪发生肺炎为特征。2006 年开始在我国出现的由变异株引起的高致病性猪蓝耳病对猪致病性强、传播快，对我国养猪业造成了巨大的损失，被我国列为一类动物疫病。

蓝耳病防控的关键是采取生物安全措施、建立阴性种猪场、合理使用疫苗等综合性防控措施。要重视和强化猪场生物安全体系建设，主要包括引种的控制、运输工具的控制和人员的控制等外部生物安全措施；全进全出策略、猪舍的消毒、猪场的饲养管理以及发病猪淘汰等猪场内部生物安全措施。

由于猪蓝耳病灭活疫苗无明确的免疫效果，而活疫苗又可能存在潜在的安全问题，而且活疫苗对免疫动物能否产生高的免疫保护力存在着高度的毒株特异性，因此猪蓝耳病疫苗的使用不能盲从和盲目，而应根据猪场实际情况合理选择。对于种猪场，应构建猪蓝耳病阴性种猪场，阳性种群从减少活疫苗使用到不使用活疫苗，并通过净化措施，最终构建阴性种群。种公猪站一定要保持阴性，不使用活疫苗。商品猪场应理性使用猪蓝耳病活疫苗，该疫苗只适用于阳性/不稳定的猪场和发生疫情的猪场，阳性/稳定的猪场不应使用活疫苗。一个猪场仅使用一种活苗（不同经典株和变异株种毒的疫苗），要选择安全性好的、适合的疫苗。经产且抗体阳性母猪群不免疫（ELISA 抗体阳性率80％以上）；阳性猪场的阴性后备母猪或引进的阴性种猪可在配种前 1～3 月免疫

1 次。猪群稳定后应停止活苗免疫。

五、伪狂犬病

伪狂犬病是由伪狂犬病病毒引起家畜及野生动物共患的一种急性传染病，可引起妊娠母猪流产、死胎，公猪不育，新生仔猪发热、神经症状、大量死亡，育肥猪呼吸困难、生长停滞等，是危害全球养猪业的重大传染病之一。

加强生物安全措施，严格控制犬、猫、鸟类和其他禽类进入猪场，严格控制人员来往，加强疫苗免疫与血清学监测，可有效防控和净化猪伪狂犬病。

免疫接种是防控猪伪狂犬病的主要手段。目前常用的多为缺失 gE 基因的弱毒疫苗。基础公、母猪每年免疫 3～4 次，后备猪配种前免疫 2 次；仔猪出生后 24～48h 内滴鼻免疫（滴鼻免疫是伪狂犬病疫苗最有效的免疫方式，可以避免母源抗体的干扰）。育肥猪则根据伪狂犬病病毒 gE 抗体监测结果进行免疫，种猪场的育肥猪在第 10 周首次免疫，3 周后留种的育成猪进行第 2 次免疫。1 年后基础母猪根据疫苗公司推荐的免疫程序，在产前 4 周（28d）免疫，公猪每 4 个月免疫 1 次，后备猪免疫 2 次；育肥猪是否免疫，根据周边的疫情情况而定。

猪伪狂犬病是目前最具实现净化条件的猪病，伪狂犬病感染抗体阳性率 10% 以内的种猪场，均可实施猪伪狂犬病的净化，主要措施是加强猪伪狂犬病 gE 缺失疫苗的免疫，开展血清 gE 抗体的监测，及时淘汰所有野毒感染（gE 抗体阳性）的种猪，同时不断补充检测合格的阴性后备种猪，从而达到全面净化，并最终可以停止疫苗的免疫接种，实现由免疫无疫到不免疫无疫。

六、猪流行性腹泻

猪流行性腹泻是由猪流行性腹泻病毒引起猪的一种接触性肠道传染病。该病传播快，分布广。病猪主要表现为呕吐、腹泻和脱水，尤其是 10 日龄以内的仔猪，发病率和死亡率均非常高。2010 年以来出现的猪流行性腹泻病毒变异株毒力和传染性都明显增加，在我国、韩国、东南亚及美国、墨西哥等国家和地区广泛流行，造成巨大经济损失。

防控本病应采取综合性措施。加强生物安全措施，防止病毒的侵入。加强饲养管理，提高猪舍内温度，特别是配种舍、产房、保育舍。大环境温度，配种舍不低于 15℃；产房产前第 1 周为 23℃、分娩第 1 周为 25℃，以后每周降

2℃；保育舍第 1 周 28℃，以后每周降 2℃，至 22℃止。产房小环境温度用红外灯和电热板控制，第 1 周为 32℃，以后每周降 2℃。猪的饮水温度不低于 20℃。猪群一旦发生呕吐、腹泻后应立即封锁发病区和产房，尽量做到全部封锁。扑杀 10 日龄之内呕吐且水样腹泻的仔猪，切断传染源、保护易感猪群。

本病无特效药物，为缩短病程，降低死亡率，可对患猪进行对症治疗，包括补液、收敛、止泻，用抗菌药防止继发感染。

已上市的疫苗有：猪流行性腹泻猪传染性胃肠炎二联灭活疫苗、猪流行性腹泻猪传染性胃肠炎二联活疫苗、猪流行性腹泻猪传染性胃肠炎轮状病毒三联活疫苗。主要用于免疫妊娠母猪，仔猪通过母乳可获得保护。选择疫苗时应注意疫苗毒株的匹配性以及病毒含量。必要时，可对仔猪进行免疫。

七、猪圆环病毒病

猪圆环病毒病（PCVD）或称猪圆环病毒相关疾病，是由猪圆环病毒 2 型作为基础病原引起的相关疫病的总称，这些相关疫病主要包括断奶仔猪多系统衰竭综合征（PMWS）、猪皮炎肾炎综合征（PNDS）、猪繁殖障碍、先天性震颤、猪呼吸道疾病综合征（PRDC）、增生性和坏死性肺炎（PNP）以及肠炎。该病自 20 世纪 90 年代被发现以来，呈现世界范围的流行，给全球养猪业造成了巨大的危害。

本病没有特效治疗药物，需采取综合防控措施预防其发生。仔猪断奶后 3~4 周是预防猪圆环病毒病的关键时期。因此，最有效的方法和措施是尽可能减少对断奶仔猪的刺激。避免过早断奶和断奶后更换饲料，断奶后要继续饲喂断奶前的饲料至少 10d；使用抗生素可以减少继发性的细菌感染，在断奶仔猪饲料中按每吨饲料中添加利高霉素 1.2kg，15％金霉素 2.5kg 或强力霉素 150g，阿莫西林 150g，连续饲喂 15d；并窝并群仔猪日龄差尽量控制在 1~2 周内；避免在断奶前、后使用油乳剂疫苗；降低饲养密度，为仔猪提供舒适的环境。

目前上市的疫苗有猪圆环病毒灭活疫苗，猪圆环病毒杆状病毒载体灭活疫苗（Cap 蛋白）以及利用大肠杆菌表达 Cap 蛋白的 PCV2 亚单位疫苗。疫苗免疫可以预防临床疾病的发生，提高主要生产参数（提高平均日增重和降低死亡率）；免疫猪血清及组织脏器中的病毒载量以及排毒量有明显减少，这在一定程度上有助于减少病毒在环境中的负荷，减少混合感染。而且，不同基因亚型之间有良好的交叉保护，基于 PCV2a 的疫苗对 PCV2b 和 PCV2d 以及基于 PCV2b 的疫苗对 PCV2d 均有良好的免疫保护效果。但是，疫苗的应用并不能完全预防 PCV2 的感染，也没有限制它的传播。现有疫苗对猪皮炎肾病综合征、PCV2 繁殖障碍疾病及其他与 PCV2 有关疾病的预防效果，尚需要得到更进一步的证实。

八、猪细小病毒病

猪细小病毒病是由猪细小病毒引起的猪繁殖障碍性疾病，主要表现为受感染的母猪，特别是初产母猪及血清学阴性经产母猪发生流产、不孕，产死胎、畸形胎、木乃伊胎及弱仔等。由于被感染妊娠母猪临床症状不明显，其他猪感染后无明显临床症状，因而该病是以引起胚胎和胎儿感染及死亡而母体本身不显症状为特征的一种母猪繁殖障碍性传染病。该病几乎存在于所有猪场，常危害初产母猪和血清学阴性母猪，同时猪场一旦出现感染，很难根除，严重地影响了养猪业的发展。

本病以预防为主。在引进种猪时无本病的猪场应进行猪细小病毒的血凝抑制试验检测。当 HI 滴度在 1∶26 以下或阴性时，方准引种。种公猪在配种前 1 个月接种灭活疫苗，每半年接种疫苗一次。疫苗接种对象主要是初产母猪和第二胎经产母猪，第三胎以上的经产母猪通常有较高的抗体水平，一般可以不再接种疫苗。在我国，猪细小病毒病商品化疫苗主要是灭活疫苗。在母猪配种前 2 个月左右注射可预防本病发生，仔猪母源抗体的持续期可达 14～24 周，在抗体效价大于 1∶80 时可抵抗猪细小病毒的感染。接种前应进行血清抗体检测，血清学检查为阴性时才进行免疫接种。

九、猪乙型脑炎

乙型脑炎又称流行性乙型脑炎，是由日本脑炎病毒引起的一种人畜共患传染病，母猪表现为流产、产死胎，公猪发生睾丸炎。猪是日本脑炎病毒在自然界最重要的易感动物。

本病目前无特效治疗药，预防可采用乙型脑炎弱毒疫苗。疫苗接种必须在乙脑流行季节前 1 个月内使用才有效，一般要求 4 月进行疫苗接种，最迟不宜超过 5 月中旬。种猪 180 日龄时第 1 次免疫，间隔 2 周进行第二次免疫。经产母猪每年 5 月上旬进行一次免疫接种。同时应加强宿主动物的管理，消灭传播媒介，以灭蚊防蚊为主。

十、猪支原体肺炎

猪支原体肺炎俗称猪气喘病，又称猪地方流行性肺炎，是由猪肺炎支原体引起的猪的一种慢性呼吸道传染病。主要症状为咳嗽和气喘，病变的特征是肺的尖叶、心叶中间叶和膈叶前缘呈肉样或虾肉样实变。本病广泛分布于世界各地，发病率高，死亡率较低，但由于患病猪长期生长发育不良、饲料转化率低，因此对猪场的经济效益影响较大。近年来，由于猪肺炎支原体常与猪蓝耳病病毒、猪圆环病毒、猪链球菌、猪传染性胸膜肺炎放线杆菌等并发或继发感染形成猪呼吸道复合征（PRDC），病情加重，病死率明显上升，经济损失巨大，对养猪业发展带来严重危害。

有效预防或控制猪支原体肺炎主要在于坚持采取综合性防控措施，为猪提供优良的生活环境，如保证圈舍内的空气清新、通风条件良好、环境温度适宜及猪群密度合适。在疫区以康复母猪培育无病的后代，建立健康猪群，主要措施如下：自然分娩或剖腹取胎，以人工哺乳或健康母猪带仔法培育健康仔猪，配合消毒切断传播因素。仔猪按窝隔离，防止窜栏。育肥猪和断奶小猪分舍饲养。利用各种检疫方法清除病猪和可疑病猪，逐步扩大健康猪群。

未发病地区和猪场的主要措施：坚持自繁自养，尽量不从外地引进猪，如必须引进时，一定要严格隔离和检疫。加强饲养管理，做好兽医卫生工作，推广人工授精，避免母猪与种公猪直接接触，保护健康母猪群。

猪支原体肺炎商业化的疫苗有活疫苗（168 株和 RM48 株）和灭活疫苗。猪支原体肺炎活疫苗（168 弱毒株），仔猪 5～7 日龄肺内注射，免疫期可达 6 个月以上。灭活苗在仔猪 7 日龄和 21 日龄进行两次免疫接种，肌内注射。

治疗时，用氟本尼考，每千克体重 20～30mg，每 2～3d 一次，胸腔肺部注射，每 2 次为一疗程，可获得理想疗效。土霉素，每千克体重 40～50mg，每 2～3d 注射一次，每 5 次为一疗程，可获得良好效果。兽用卡那霉素，每千克体重 3 万～4 万 U 肌内注射，每天一次，连续 5d 为一疗程，必要时进行 2～3 疗程。林可霉素，每吨饲料加入 200g，连喂 3 周，或按每千克体重 50mg，肌内注射，每天一次，5d 为一疗程，也有一定效果。泰乐菌素，每千克体重 4～9mg，肌内注射，每天一次，3d 为一疗程。壮观霉素，每千克体重 40mg，肌内注射，每天一次，每 5d 为一疗程。上述几种药物对治疗猪气喘病有一定疗效。泰妙菌素按每 100kg 饲料添加 250g，保育猪连用一个月，或保育猪转入生长舍后连用 14d；母猪按每 100kg 哺乳母猪饲料添加 500g，于产前、产后各连用 7d，可预防猪支原体肺炎和控制呼吸道疾病综合征。药物治疗虽能缓解疾病症状，降低发病率，但它很难根除体内已经感染的支原体，不能阻止再感染，停药后往往会出现复发。磺胺类药物，青霉素、链霉素及红霉素对猪支原体肺炎无效。

猪场猪支原体肺炎的净化方法主要有完全减群后重扩群、全群检测后清阳性群、瑞士减群法、程序性用药、早期药物隔离断奶技术、封群、疫苗免疫等。其中完全减群后用阴性群重扩群是最直接、最彻底的方法，并且能一次性净化多种病原，但是这种方法成本较高，且有较高的再爆发的风险；而全群检测后清阳性群的方法虽然可以用来净化有较好疫苗的病原，但不适用于净化猪肺炎支原体；瑞士减群法是瑞士首先使用的一种净化猪肺炎支原体的方法，也称不完全减群法，其净化效果较好且可以根据猪场的实际情况进行必要的调整，已在多个国家使用。

瑞士减群法通用净化程序主要包含以下 3 个步骤：

（1）从感染猪群中移走所有小于 10 月龄的猪（包括哺乳仔猪、断奶仔猪、生长猪和育肥猪），只保留大于 10 月龄的种猪（公猪和母猪），并且保证猪场在接下来的至少 14d 时间内没有新生仔猪。

（2）药物治疗。在 14d 的时间内所有保留下来的种猪通过饲料或饮水中添加适合的药物。

（3）所有空猪舍和猪栏充分清洁和消毒。

上述过程持续至少 14d 后停止使用药物并且恢复生产。

十一、猪传染性胸膜肺炎

猪传染性胸膜肺炎是由传染性胸膜肺炎放线杆菌引起的猪的高度传染性呼吸道疾病。以急性出血性纤维素性坏死性胸膜肺炎、慢性纤维素性坏死性胸膜肺炎为特征。急性病猪死亡率高，慢性病例一般能耐过。本病分布广泛，在很多国家流行，我国也有相关发病报道。其重要性随着养猪业的集约化而增加，急性暴发引起猪死亡，造成经济损失，是危害现代养猪业的重要疫病之一。

加强饲养管理，严格卫生消毒措施，注意通风换气，保持舍内空气清新。

减少各种应激因素的影响，保持猪群足够均衡的营养水平。加强猪场的生物安全措施。从无病猪场引进公猪或后备母猪，防止引进带菌猪。采用"全进全出"饲养方式，出猪后栏舍彻底清洁消毒，空栏1周才重新使用。新引进猪时，应隔离一段时间再逐渐混入较好。对已污染本病的猪场应定期进行血清学检查，清除血清学阳性带菌猪，并制定药物防治计划，逐步建立健康猪群。在混群、疫苗注射或长途运输前1~2d，应投喂药敏性好的抗菌药物，如在饲料中添加适量的磺胺类药物或泰妙菌素、泰乐菌素、新霉素、林可霉素和壮观霉素等，进行药物预防，可控制猪群发病。

由于胸膜肺炎放线杆菌极易产生耐药性，因此本病在临床治疗中使用抗生素效果往往不明显。猪群发病时，应以解除呼吸困难和抗菌为原则进行治疗，并要使用足够剂量的抗生素和保持足够长的疗程。本病早期治疗可收到较好的效果，但应结合药敏试验结果而选择抗菌药物。一般可用青霉素、新霉素、四环素、泰妙菌素、泰乐菌素、磺胺类药物等。对发病猪采用注射效果较好，对发病猪群可在饲料中适当添加大剂量的抗生素有利于控制疫情，每吨饲料添加土霉素600g，连用3~5d；或每吨饲料添加利高霉素（林可霉素＋壮观霉素）500~1 000g，连用5~7d；或用泰乐菌素（每吨饲料添加500~1 000g），4-磺胺嘧啶（每吨饲料添加1 000g），连用1周，可防止新的病例出现。抗生素虽可降低死亡率，但经治疗的病猪仍为带菌者。药物治疗对慢性型病猪效果不理想。

已有商品化的灭活疫苗用于本病的免疫接种。一般在5~8周龄时首免，2~3周后二免。母猪在产前4周进行免疫接种。由于不同血清型之间交叉免疫保护效果较差，因此应根据猪场及区域内主要流行血清型选择相匹配的灭活疫苗，才能获得较好的免疫效果。国内目前可供选择的有针对血清1型、2型、3型和7型的单价和多价疫苗。

十二、猪链球菌病

猪链球菌病是由多个血清群的链球菌感染所引起的多种疾病的总称，主要表现为急性死亡、脑膜炎、败血症、关节炎、心内膜炎、化脓性淋巴结炎等。本病广泛发生于各养猪国家，是猪的一种常见病，给养猪业带来较大的经济损失。此外，猪链球菌2型等多种猪链球菌还可引起屠宰工人等特定人群的发病和死亡，是重要的人畜共患病原菌，在公共卫生上具有重要意义。

应加强生物安全控制，猪场应实行多点式饲养，坚持"全进全出"制度，防止各类猪只交叉感染，特别要注意母猪对仔猪的传染。加强饲养管理，搞好猪舍内外的环境卫生，猪舍要保持清洁干燥，通风良好；猪群的饲养密度要适中，特别是仔猪的饲养密度不可过大；猪舍应坚持每周用高效消毒剂进行喷雾消毒。仔猪断脐、剪牙、断尾、打耳号等要严格用碘酊消毒，当发生外伤时要及时按外科方法进行处理，防止伤口感染病菌，引发本病。猪场严禁饲养猫、犬和其他动物，彻底消灭鼠类和吸血昆虫（蚊、蝇等），控制传递媒介传播病原体，可有效防止本病的发生与流行。

青霉素、阿莫西林、氨苄西林等抗生素对猪链球菌有较好的预防和治疗效果。在每吨饲粮中添加强力霉素 150g 和阿莫西林 200g，连续饲喂 14d，可有效预防本病的发生。如已分离出病原菌，可进行药敏试验，选用最有效的抗菌药物治疗。同时，可按不同病型进行对症治疗。对败血症型及脑膜脑炎型，应早期大剂量使用抗生素，青霉素和地塞米松，阿莫西林和庆大霉素等联合应用都有良好效果。淋巴结脓肿型，待脓肿成熟后，及时切开，排除脓汁，用 3% 双氧水或 0.1% 高锰酸钾液冲洗后，涂以碘酊。

在猪链球菌病高发区域，可进行疫苗接种。疫苗的免疫效力虽然有时不十分确实，但可以肯定的是免疫可以有效降低猪链球菌病的发生率，尤其对败血症型和脑膜脑炎型链球菌有十分明显的作用。目前应用的猪链球菌疫苗有：猪链球菌病活疫苗（C 群链球菌）、猪链球菌 2 型灭活疫苗、猪链球菌病灭活疫苗（马链球菌兽疫亚种＋猪链球菌 2 型）及猪链球菌灭活疫苗（马链球菌兽疫亚种＋猪链球菌 2 型＋猪链球菌 7 型）等。灭活疫苗一般需二次免疫，仔猪每次肌内注射 2mL，母猪每次接种 3mL。仔猪在 21～28 日龄首免，免疫后 20～30 d后按同剂量进行第二次免疫。母猪在产前 45 日首免，产前 30 日按同剂量进行第 2 次免疫。活疫苗每头份加入 20% 铝胶生理盐水 1mL 稀释溶解，断奶后的仔猪至成年猪，每猪肌内或皮下注射 1mL；注苗前后各 1 周内，均不可使用各种抗生素，否则影响免疫效果，造成免疫失败。该苗免疫后 7d 产生免疫力，免疫保护期 6 个月。

十三、副猪嗜血杆菌病

副猪嗜血杆菌病又称格拉泽氏病，是由副猪嗜血杆菌引起的猪的一种急性、热性传染病，表现为多发性浆膜炎、关节炎、纤维素性胸膜炎和脑膜炎等。在全球范围影响着养猪业的发展，是当前猪场最为重要的细菌病之一。

加强饲养管理与环境消毒，减少各种应激，在疾病流行期间有条件的猪场仔猪断奶时可暂不混群，对混群的一定要严格把关，把病猪集中隔离在同一猪舍，对断奶后保育猪"分级饲养"，加强蓝耳病、圆环病毒病等疫苗的免疫。注意保温和温差的变化；在猪群断奶、转群、混群或运输前后可在饮水中加一些抗应激的药物如维生素 C 等。

可使用药物或疫苗进行预防：母猪产前、产后，各连续使用 7d，爱乐新 30mg/L＋阿莫西林 250mg/L；支原净 100mg/L＋金霉素 300mg/L＋阿莫西林 250mg/L。保育仔猪，断奶换料后连用 7d，爱乐新 50mg/L＋阿莫西林 250mg/L；支原净 100mg/L＋金霉素 300mg/L＋阿莫西林 250mg/L。猪副嗜血杆菌多价灭活苗（4 型＋5 型），后备母猪在产前 8～9 周首免，3 周后二免，以后每胎产前 4～5 周免疫一次；仔猪在 2 周龄首免，3 周后二免。疫苗仅能对同型菌株产生较好的免疫保护，目前还没有一种灭活苗能同时预防所有分离菌株。

当有发病猪时，应及时隔离治疗，对副猪嗜血杆菌较敏感的药物有头孢菌素、青霉素、氨苄西林、氟甲砜、庆大霉素、壮观霉素、增效磺胺、支原净等，就根据药敏结果选择用药。抗生素预防或口服药物治疗对严重暴发可能无效。

十四、猪丹毒

猪丹毒是由猪丹毒杆菌引起的一种急性、热性传染病。病程多为急性败血型或亚急性的疹块型，转为慢性的多为关节炎型和心内膜炎型。该病为人畜共患病，人感染后手部的皮肤出疹，称为类丹毒。猪丹毒广泛流行于世界各地，对养猪业危害很大。近年来，猪丹毒疫情在我国部分地区呈现重新抬头的趋势。

定期预防接种是防控本病最有效的办法。目前国内常用弱毒疫苗 GT（10）及 GC42，灭活苗有猪丹毒氢氧化铝甲醛灭活苗，免疫期均为 6 个月。GC42 可用于注射或口服。联苗有猪瘟-猪丹毒二联弱毒苗及猪瘟-猪丹毒-猪肺疫三联弱毒苗。仔猪免疫于断奶后进行，以后每隔 6 个月免疫一次。对发病猪群进行隔离治疗。猪场要认真消毒。粪便和垫草烧毁或堆积发酵。深埋病猪尸体和内脏器官。

猪丹毒对青霉素高度敏感，对金霉素、土霉素、四环素也相当敏感。对败血型病猪，使用青霉素静脉注射，同时肌内注射常规量青霉素。以后按抗生素常规疗法，直到病猪体温下降至正常，食欲恢复并维 24h 以上。不能过早停药，防止复发或转为慢性。

第八章
养猪场建设与环境控制

第一节　养猪场选址与建设

一、场址选择与布局

（一）场址选择

养猪场应选择在生态环境良好、无污染或不直接受工业"三废"及农业、城镇生活、医疗废弃物污染的生产区域。选地应参照国家相关标准的规定，避开水源防护区、风景名胜区、人口密集区等环境敏感地区，符合环境保护、兽医防疫要求，场区布局合理，生产区和生活区严格分开。

1. 地形地势　要求地势高燥平坦、有缓坡（坡度≤15°）、向阳、通风良好。潮湿的环境容易助长病原微生物和寄生虫孳生，猪群易生病；低洼地，雨后场内积水不易排除；山凹处，猪场污浊空气会在场内滞留，易造成空气污染。

2. 交通　猪场生产的产品需要运出，饲料等物资需要运入，对外联系十分密切，因此，猪场必须选在交通便利的地方。但因猪场的防疫需要和对周围环境的污染，又不可太靠近主要交通干道，一般距铁路、一级公路应不少于 500～1 000m，距二、三级公路不少于 300～500m，距四级公路不少于100～300m。猪场与居民点、工厂、其他牧场之间存在相互污染、传播疫病的危险，选址时应保持适当的距离。猪场应建在居民点的下风向和地势较低处，卫生间距一般不应小于 300～500m，大型猪场不小于 1 000～1 500m；猪场与其他牧场的卫生间距一般不应小于 300～1 000m。如果有围墙、河流、林带等屏障，则距离可适当缩短些。禁止在旅游区及工业污染严重的地区建场。

3. 水源水质　水源要充足，水质良好。养殖区周围 500m 范围内、水源上游没有对产地环境构成威胁的污染源，包括工业"三废"、农业废弃物、医院污水及废弃物、城市垃圾和生活污水等污物。生猪饮用水质量指标应符合表 8-1 的要求。

表 8-1　畜禽饮用水质量指标

项目	指标	项目	指标
砷（mg/L）	≤0.05	氟化物（以 F 计，mg/L）	≤1.0
汞（mg/L）	≤0.001	氯化物（以 Cl 计，mg/L）	≤250
铅（mg/L）	≤0.05	六六六（mg/L）	≤0.001
铜（mg/L）	≤1.0	滴滴涕（mg/L）	≤0.005
铬（六价，mg/L）	≤0.05	总大肠菌群（个/L）	≤3
镉（mg/L）	≤0.01	细菌总数（个/L）	100
氰化物（mg/L）	≤0.05	pH	6.5~8.5

4. 土壤　一般要求透气性好，易渗水，热容量大。选址时应避免在旧猪场（包括旧牧场）场地上改建或新建。

5. 场地面积　建场土地面积没有统一标准，应根据具体情况来确定，一般可按存栏基础母猪每头 45~50m² 或出栏商品猪每头 2.7~3.0m² 计，这里不包括每个区之间的隔离距离。新建场选址面积要留有余地，便于今后的发展，有扩建的可能。

（二）猪舍规划布局

1. 饲养规模的确定　猪场规模是猪场设计最基本的要素，必须首先确定。猪场建设受建设资金能力、场址的自然环境、饲料供应情况、技术和管理水平、产品的销售出路、卫生防疫和粪污处理等客观条件的约束。因此，猪场规模的大小应因地制宜。从我国目前和今后一个时期的发展看，以年产 3 000~5 000 头商品猪的中、小型规模猪场为宜。

2. 猪场布局　场址选定后，就要根据猪场的生产任务、发展规划、猪群的组成、饲养流程要求以及喂料、清粪等机械方案，结合当地的地形、自然环境、交通运输条件等进行猪场的总体布局。合理的布局可以节省土地，减少建场投资，节省劳动力，给生产管理带来方便。否则，就会造成生产流程混乱，不仅浪费土地和资金，而且还会给卫生防疫及日常管理工作带来不便。因此，猪场的总体布局是建场过程中一项十分重要的工作，必须对猪场内各种房舍、道路、绿化和建筑进行合理的科学布局。猪场的功能区见图 8-1。

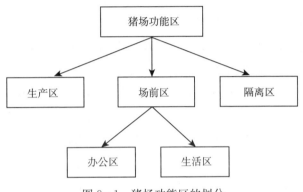

图 8-1　猪场功能区的划分

（1）生产区　包括各类猪舍和生产设施，这是猪场中的主要建筑区，是卫生防疫和环境保护的重点。建筑面积一般占全场总建筑面积的 70%～80%。该区应严禁外来人员和车辆进入，区内车辆不得外出，在区内工作的饲养员及技术人员出入该区均需消毒、淋浴、更衣。生产区按饲养模式分为单点式饲养模式和多点式饲养模式。

①单点式饲养模式：在一个生产区内，由里到外依次按公猪舍、配种妊娠舍、分娩舍、保育舍、育成舍、育肥舍的顺序排列，组成一个完整的生产系统，直至商品肉猪出栏。这种生产模式的优点是比较集中，占地少，投资成本小，方便集中管理，相互转猪或调猪容易；缺点是防疫难度大，一旦发生传染病，易全场发病。

②多点式饲养模式：即在一个相对大的区域内，分别划分为多个区域，每个区域间隔一定的距离。如三点式布局，分成繁殖区、保育区、育成育肥区，三个区域相对独立，除了调猪，人员不相互流动。该模式的优点是各个区相对独立，防疫工作容易，可减少有关疾病的传播或暴发；缺点是投入大、占地面积大、分工较细。

（2）办公区　包括办公室、技术室、业务档案和计算机室、接待室、会计出纳室等行政办公用房，以及门卫、消毒间（内设消毒池、消毒设施、洗手消毒盆）、车辆消毒池、进入生产区的消毒淋浴更衣室、饲料库、车库、配电室、水塔、出售猪挑选间、杂品库等生产附属用房。办公区与场内、外联系密切，应靠近场外道路并留出一定的卫生间距，尽量安排在隔离区和生产区的上风向和地势较高处。

（3）隔离区　包括兽医室、剖检室、隔离舍、尸体处理设施、粪便及污水处理设施等。该区应设在全场的下风向和地势低处，距生产区应有 50m 左右的卫生间距；该区应加强卫生防护，以免污染场区和周围环境。

（4）生活区　包括职工宿舍、食堂、文化娱乐设施等。该区应设在全场上风向、地势高处，最好设在场外并与猪场保持适当距离，无条件时，亦可与管理区合并为场前区。

（5）道路　猪场各区间及区内道路的设置，应考虑场内各部分的功能关系及猪场与外界的联系、管理和生产需要、卫生防疫要求等。场前区与场外联系的道路需通过场大门，与生产区之间也应设大门，但只供消防或其他特殊需要进出用，平时关闭，人员出入必须通过消毒、淋浴、更衣室。生产区内的道路应分为供管理和运料用的净道（路面宽 3～5m）和供猪只转群或出场、粪污运送用的污道（路面宽 2～3m），两者不应混用和交叉，路面应做硬地面并便于排水。

（6）管线　管线布置应以长度最短为原则，以节约投资。电线和给水管道宜沿净道铺设主管线，向两侧猪舍分出支管线供电供水，在猪舍间应设置适当数量的消防栓。猪场污水和地面水（雨雪水）不得混排，污水应设地下排污系统，地面水可在道路一侧或两侧设排水明沟，有条件时可加沟盖板，场地有适当坡度时，亦可采用自由排水。自设水塔是清洁饮水正常供应的保证，位置选择要与水源条件相适应，且应安排在猪场最高处。

（7）绿化　猪场绿化应尽量做到无裸露地面，一般可设置防风林、隔离林、行道绿化、遮阳绿化、美化绿化等，场地规划时应安排各种绿化的位置和面积。防风林一般设在冬季主风上风向，可高矮树种、落叶和常绿树种、灌木和乔木搭配种植，林带宽 5～8m，植树 3～5 行。隔离林应设在各功能区之间，绿化方法与防风林基本相同，但株距可密一些。道路和排水沟旁可植灌木绿篱，并配合高大乔木进行行道绿化，亦可在路边埋杆搭架种植藤蔓植物，在道路上空 2.5～3m 处形成水平绿化。遮阳绿化除道路遮阳外，主要在猪舍南侧植树干高、树冠大而密的落叶乔木，为屋顶和窗遮阳；亦可搭架进行水平绿化，在立杆周围播种一年生藤蔓植物，以防冬季遮光。此外，因藤蔓沿立杆上攀，为防止影响通风，杆间距不可过密。除上述各种绿化外，裸露地面均应种植草坪、苜蓿等多年生植物及花卉；夏季主风上风向的猪场边界绿化，不宜种植高大乔木，以防影响通风；场前区可设置花坛、绿地、喷水池等绿化和美化设施。

（三）建筑物布局

1. 建筑物的排列方式　猪场建筑物的排列主要是指生产区的猪舍排列次序，可布置为单列、双列或多列，应尽量使建筑物排列整齐，以缩短道路和管线长度。

2. 建筑物的位置　确定猪场各种建筑物的位置时，主要考虑它们之间的功能关系，应尽量使相互有关的建筑物靠近安置，以便管理和生产工作的联系。此外要考虑防疫要求，可根据全年主风向和场地地势，将场前区安置在上风向和地势高处，而隔离区则放在下风向和地势低处，生产区各猪舍也应按风向、地势顺序安排种猪、产房、保育、育肥和待售。但在实践中风向和地势一致的情况不多，有时上风向恰是地势低处，此时可利用与主风向垂直的两侧"安全角"，如主风向为西北风而场地为南高北低时，场地西南角和东北角，可分别安排场前区和隔离区。

3. 建筑物朝向　确定猪场建筑物朝向主要考虑日照、通风、防疫和节约占地。猪舍一般为长矩形，长轴（长度）方向的外围结构（纵墙和屋顶）的面积比短轴（跨度）方向大得多。为改善舍内温度状况和光照效果，其朝向以长轴东西（即南向）或南偏东、西 45°以内为宜，这样可使猪舍冬季多接受而夏季少接受太阳辐射。同时，由于我国冬季主风一般分别为西北风和东南风，此朝向可避免纵墙与冬、夏季主风垂直（以形成 30°～60°角为宜），以减少冬季冷风渗透和夏季通风死角。冬季严寒或夏季炎热地区，可分别根据当地冬季或夏季主风向来选择猪舍的朝向。

4. 建筑物间距　两幢建筑物纵墙之间的距离称为间距。猪舍间距过大势必加大猪场占地面积，间距过小则会影响猪舍的日照、通风和排污效果，不利于改善猪舍和场区环境，也不利于防疫和防火。研究和实践证明，在我国所处的纬度范围内，猪舍间距分别为猪舍檐高的 3~5 倍时，可以保障猪舍冬季日照和通风，防止上风处猪舍的污浊空气排入其下风向的相临猪舍，并可满足 4~5 级防火的要求。

二、猪舍建筑设计

（一）猪舍类型

1. 按屋顶形式分为单坡式、双坡式猪舍　单坡式猪舍一般跨度小，结构简单，造价低，光照和通风好，适合小规模猪场。双坡式猪舍一般跨度大，双列猪舍和多列猪舍常用该形式，其保温效果好，但投资较多。

2. 按墙的结构和有无窗户分为开放式、半开放式和封闭式猪舍　开放式猪舍是三面有墙一面无墙，通风透光好，不保温，造价低。半开放式猪舍是三面有墙一面半截墙，保温稍优于开放式猪舍。封闭式猪舍是四面有墙，又可分有窗和无窗两种。

3. 按猪栏排列分为单列式、双列式和多列式猪舍

（1）单列式　猪栏排成一列，靠北墙，可设或不设走廊；利于采光、通风、保温、防潮，空气新鲜，构造简单。

（2）双列式　猪栏排成两列，中间设一通道，多为封闭式；保温良好，管理方便，利用率高，便于实行机械化操作，但采光差，易潮湿，可用这一类型的猪舍饲养育肥猪。

（3）多列式　猪栏排成三列或三列以上，猪栏集中，运输线短，散热面积小，冬季保温好，养猪功效高，但构造复杂。

（二）猪舍基本结构

1. 地面　要求保暖、坚实、平整、不透水，易于清扫消毒。传统土质地面保温性能好，柔软、造价低，但不坚实，渗透尿水，清扫不便，不易于保持清洁卫生和消毒；现代水泥地面坚固、平整、易于清扫、消毒，但质地太硬，容易造成猪的蹄伤、腿跛和风湿症等，对猪的保健不利；砖砌地面的结构性能介于前两者之间。为了便于冲洗清扫，清除粪便，保持猪栏的卫生与干燥，有的猪场部分或全部采用漏缝地板。常用的漏缝地板材料有水泥、金属、塑料等，一般是预制成块，然后拼装。选用不同材料与不同结构的漏缝地板，应考

虑以下原则:

（1）经济性　即地板的价格与安装费要经济合理。

（2）安全性　过于光滑或过于粗糙以及具有锋锐棱角的地板会损伤猪蹄与乳头。还应根据猪的不同体重来选择合适的缝隙宽度（表8-2）。

（3）保洁性　劣质地板容易藏污垢，需要经常清洁。同时脏污的地板容易打滑，还隐藏着多种病原微生物。

（4）耐久性　不宜选用需要经常维修以及很快会损坏的地板。

（5）舒适性　地板表面不要太硬，并有一定的保暖性。

表8-2　不同体重阶段对漏缝地板缝隙的要求

猪体重（kg）	漏缝地板缝隙宽度（mm）	
	一般材料地板	金属窄条网状地板
<8	9	—
8~15	11	—
15~25	14	11
25~100	18	16
>100	22	—

2. 墙壁　要求坚固耐用，保暖性能好。石料墙壁坚固耐用，但导热性强，保温性能差；砖墙保温好，有利于防潮，也较坚固耐久，但造价高。

3. 屋顶　是猪舍与外界进行热传导面积最大部位，要求结构简单，经久耐用，保暖性能好。草料屋顶造价低，保温性能最好，但不耐用，易漏雨；瓦屋顶坚固耐用，保温性能仅次于草屋顶，但造价高；泥灰屋顶造价低，能防暑防寒，但耐久性不很高。

4. 门窗　双列猪舍中间过道为双扇门，要求宽度不小于1.5m，高度2m。单列猪舍走道门要求宽度不少于1m，高度1.8~2.0m。猪舍门一律要向外开。窗户的大小以采光面积与地面面积之比来计算，育肥猪舍为1：（15~20）。窗户距地面高1.1~1.3m，窗顶距屋檐40cm，两窗间隔距离为其宽度的2倍，后窗的大小无一定标准。为增加通风效果，可增设地窗。

（三）育肥猪舍内部布置

育肥猪舍采用大栏地面群养方式，自由采食。育肥栏提倡原窝饲养，故每栏养猪8～12头，内配食槽和饮水器（图8-2）。

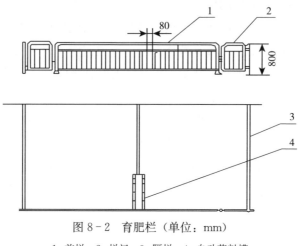

图8-2 育肥栏（单位：mm）

1. 前栏 2. 栏门 3. 隔栏 4. 自动落料槽

三、猪场设备设施

选择与猪场饲养规模和工艺相适应的设备是提高生产水平和经济效益的重要措施。如果资金和技术力量都很雄厚，则应配备齐全各种机械设备；规模稍小的猪场则可以以半机械化为主，凡是人工可替代的工作，均实施手工劳动。一般规模猪场的主要设备有猪栏、饮水设备、饲喂设备、清粪设备、通风设备、升温降温设备、运输设备和卫生防疫设备等。

（一）猪栏

公猪和肥猪的隔栏应采取矮墙形式，避免彼此干扰。其他猪的隔栏，纵隔栏为固定式，横隔栏以活栏栅式为主，以便调节栏圈面积。猪栏基本参数与结构见表8-3。

表8-3 猪栏基本参数与结构

类别	每头猪占用面积（m²）	栏高（mm）	栏栅间隙（mm）
公猪栏	5.5～7.5	1 200	100
配种栏	6.0～8.0	1 200	90
母猪小群栏	18～2.5	1 000	90

（续）

类别	每头猪占用面积（m²）	栏高（mm）	栏栅间隙（mm）
保育栏	0.3～0.4	700	55
育成栏	0.55～0.7	800	80
育肥栏	0.75～1.0	900	90

（二）通风设备

1. 自然通风　是不借助任何动力使猪舍内外的空气进行流通的通风方式。为此，在建造猪舍时，应把猪场（舍）建在地势开阔、无风障、空气流通较好的地方；猪舍之间的距离不要太小，一般为猪舍屋檐高度的 3～5 倍；猪舍要有足够大的进风口和排风口，以利于形成穿堂风；猪舍应有天窗和地脚窗，有利于增加通风量。在炎热的夏季，可利用昼夜温差进行自然通风，夜深后将所有通风口开启直至第二天上午气温上升时再关闭所有通风口，停止自然通风。

2. 机械通风　是以风机为动力迫使空气流动的通风方式。机械通风换气是封闭猪舍环境调节控制的重要措施之一。在炎热季节利用风机强行把猪舍内污浊的空气排出舍外，使舍内形成负压区，舍外新鲜空气在内外压差的作用下通过进气口进入猪舍。传统的设备有窗户、通风口、排气扇等，但是这些设备不足以适应现代集约化、规模化的生产需要。现代化的设备是可调式墙体卷帘及配套湿帘抽风机。卷帘是装有简易收放装置的一张长 80～120m、宽 5m 的布帘；其编织工艺精细，编织线柔韧耐腐蚀，具有一定厚度，防寒保暖、防辐射效果良好，可以随时轻松的收卷和展开。卷帘的优点在于它可以代替房舍墙体，节约成本；而且既可保暖又可取得良好的通风效果。如遇到高温无风天气，即可放下卷帘启动湿帘降温、通风，具有立竿见影的效果。另外，卷帘是特制布料，保证使用 5 年以上，且更换极为方便。

（三）降温设备

1. 冷风机降温　当舍内温度不很高时，采用小蒸发式冷风机，降温效果良好。

2. 喷雾降温　将自来水经水泵加压，通过过滤器进入喷水管道后从喷雾器中喷出，在舍内空间蒸发吸热，使舍内空气温度降低。

3. 湿帘降温　当室外热空气被风机抽吸进入布满冷却水的湿帘时，冷却水由液态转化成气态的水分子，吸收空气中大量的热能，从而使空气温度迅速下降，与室内的热空气混合后，通过负压风机排出室外。

（四）供水设备

有条件的猪场可安装自动饮水系统，包括供水管道、过滤器、减压阀（或补水箱）和自动饮水器等部分。自动饮水系统可四季日夜供水，且清洁卫生。规模化养猪场常用鸭嘴式和碗式饮水器。鸭嘴式饮水器安装时一般应使其与地面成 45°～75°倾角；离地高度，育成猪为 50～60cm，成年猪为 75～85cm。常用的水泥槽和石槽等，适用于小猪场和个体户养猪，投资少，但浪费水且卫生条件差。

（五）粪尿处理设备

随着规模化养猪的发展，环境污染问题也越来越严重，要使环境污染减少到最低限度，就必须对猪的粪尿进行处理。一个 100 头基础母猪群的养猪场，平时猪的饲养头数在 1 100 头左右，每日排出 2.5t 的粪，4t 左右的尿，排出的污水是尿重的 2～5 倍（表 8-4）。

表 8-4　猪的粪尿排泄量

类别		体重（kg）	每日每头猪的粪尿排泄量（kg）		
			粪量	尿量	粪尿合计
肉猪	大	90	2.3～3.2	3.0～7.0	5.3～10.2
	中	60	1.9～2.7	2.0～50	3.9～7.7
	小	30	1.1～1.6	1.0～3.0	2.1～4.6
繁殖母猪		160～300	2.1～2.8	4.0～7.0	6.1～9.8
哺乳母猪		—	2.5～4.2	4.0～7.0	6.5～11.2
种公猪		200～300	2.0～3.0	4.0～7.0	6.0～100

1. 水冲粪　粪尿污水混合进入缝隙地板下的粪沟，每天数次从沟端的水喷头放水冲洗。粪水顺粪沟流入粪便主干沟，进入地下贮粪池或用泵抽吸到地面贮粪池。水泥地面，每天用清水冲洗猪圈，猪圈内干净，但是水资源浪费严重，而且固液分离后的干物质肥料价值大大降低，粪中的大部分可溶性有机物进入液体，使得液体部分的浓度很高，增加了处理难度。

2. 水泡粪 是在水冲粪工艺的基础上改造而来的。工艺流程是在猪舍内的排粪沟中注入一定量的水，粪尿、冲洗和饲养管理用水一并排放缝隙地板下的粪沟中，储存一定时间后（一般为1～2个月），待粪沟装满后，打开出口的闸门，将沟中粪水排出。粪水顺粪沟流入粪便主干沟，进入地下贮粪池或用泵抽吸到地面贮粪池。

原理：主要是通过地下排污管道将场区内所辖猪舍连接起来，在猪舍内留有排粪口。一般状态下，排粪口接头使用黑色塞子进行封堵，将粪污塞子放好封堵之后，将粪池中注入清水。一般粪沟的深度为0.8m，池中注水液面距池底30～40cm，净圈隔离3d后进猪正常饲养。在此期间，猪产生的粪便将通过漏缝地板落入粪池中。随着猪不断代谢，产生的粪便和尿液将使粪池中的液面不断升高。一般情况下，粪污间隔14d左右排放1次。排放时只需将粪塞子提起，粪池中的液体污水携带粪便即可排放至舍外，然后通过管线直至集污池，最后做粪污终端处理，如固液分离等。其中粪污管道排粪这一系统采用虹吸原理。

水泡粪模式的优缺点：整个系统上讲，是从传统人工水冲圈舍模式慢慢改进得来的一种比较新的清粪排污方式。相比前者来说，水泡粪模式的确起到一定的节水效果。此模式的突出优点在于运行起来除去人工费用之外，基本上无其他费用开支，运营成本较低。这种模式的主要缺点包括：第一，在猪舍内产生的不利猪群健康生长的有害气体较多，如硫化氢、甲烷等，尤其是夏季高温高湿气候下，使猪舍臭味较大；第二，水资源用量相对较大，每次排粪时都需要将粪池注满足够的水，用水量的增加，导致后期的固液分离成本增加；第三，产生的污水存放和处理费用增加，污水直排现象较为突出；第四，污水渗透会严重影响土质及地下水。

3. 人工干清粪 干清粪工艺的主要方法是，粪便一经产生便分流，干粪由人工收集、清扫、运走，尿及冲洗水则从下水道流出，分别进行处理。人工清粪只需用一些清扫工具、人工清粪车等。设备简单，不用电力，一次性投资少，还可以做到粪尿分离，便于后面的粪尿处理。其缺点是劳动量大，生产率低。还有一种地面养猪的干清粪工艺，就是锯末垫料法，这种方法在我国南方一些猪场使用，猪舍地面撒上锯末不但使粪尿容易消化，更方便调节粪尿中的水分含量。

4. 机械干清粪 机械干清粪的优点是可以减轻劳动强度，节约劳动力，提高工效。缺点是一次性投资较大，还要花费一定的运行维护费用，由于工作部件上沾满粪便，维修还比较困难。此外，清粪机工作时噪声较大，不利于猪生长。

一个自繁自养的万头猪猪场，采用水冲粪清粪模式，产生的粪污量约为150t/d；采用水泡粪清粪模式，产生的粪污量约为60t/d；采用机械式刮粪板清粪模式，产生的粪污量约为30t/d。正是在此背景下，机械式刮粪板清粪系统应运而生，相对水泡粪模式有了很大的进步，尤其是对水资源的节约和环境保护都有很好的效果。

刮粪板清粪系统优于水泡粪的地方是在粪污源头将粪和尿进行分离。在修建粪池的时候，粪沟的底部呈 V 形，两斜面坡度均为 8°~10°。刮粪车随之也就整体呈 V 形，即 V 形刮粪车。粪沟底部修建成 V 形后，在 V 形底部埋设 Ω 形导尿管，导尿管开口朝上，主要是便于尿液顺着池底坡度流进导尿管。在猪舍粪沟纵向长度上也有 0.3°~0.5° 的坡度，进入导尿管的尿液又沿着导尿管流向末端的集尿池。依靠舍内刮粪板系统将粪污从一级粪沟运送至粪沟端部的二级粪沟，通过二级"一"字形刮粪车运送至集粪池，然后依靠绞龙设备将粪便输送到粪污车上，以便及时运走。其中二级"一"字形刮粪车起到接力作用，其与舍内一级刮粪板系统不同之处是一个驱动单元带动一个刮粪车进行运转，通过电机的正反转实现"一"字形刮粪车的前进与后退。由于二级刮粪车系统接力的粪污含水量较少，不需要二次粪尿分离，所以二级粪沟底部修建成平面池底。另外，二级刮粪车宽度都比较窄，主要考虑到"一"字形刮粪车相比 V 形刮粪车易晃动，为保证其运行平稳，"一"字形粪车宽度在一般 1m 左右。

一级粪沟的另一端修建的是集尿池或一级沉淀池，尿液顺着导尿管流到集尿池中，尿管中所含的粪便会在此处进行沉淀，饲养人员应定期清理沉淀的粪渣。集尿池或一级沉淀池与外界通过管道相连，确保尿液等污水集中流向舍外的集污池，然后进行终端粪污的处理。

（六）喂料设备

1. 水泥食槽　适用于饲喂湿拌料，坚固耐用，价格低廉，并可兼做水槽。

2. 金属食槽　有圆形和长方形两种，以长方形应用较为普遍。自动食槽有"全天候"喂猪的功能，省工、省力、清洁卫生，适用于群体饲养，其基本参数见表 8-5。图 8-3 至图 8-7 为几种食槽的结构示意图。

表 8-5　金属自动落料食槽基本参数

式样	猪群种类	高度（cm）	采食间隙（cm）	前缘高度（cm）
长方形	培育仔猪	70	14～15	10～12
	生长猪	80	19～21	15～17
	育肥猪	90	24～26	17～19
圆形	培育仔猪	62	14	15
	生长猪	95	16	16
	育肥猪	110	20～24	20

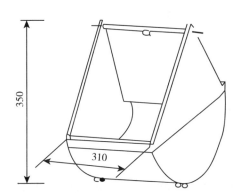

图 8-3　铸铁半圆弧食槽（单位：mm）

（引自陈坚，《环境生物技术》，1999）

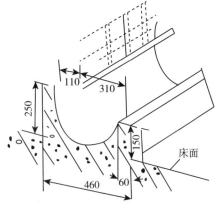

图 8-4　限量地面食槽（单位：mm）

（引自陈坚，《环境生物技术》，1999）

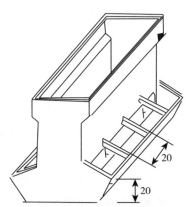

图 8-5　长方形金属双面自动
落料食槽（单位：cm）

（引自陈坚，《环境生物技术》，1999）

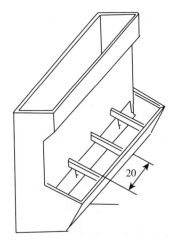

图 8-6　长方形金属单面自动
落料食槽（单位：cm）

（引自陈坚，《环境生物技术》，1999）

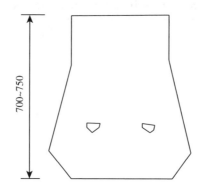

图 8-7　水泥双面自动落料食槽（单位：cm）

（引自陈坚，《环境生物技术》，1999）

第二节　场舍环境控制

一、舍内环境问题

夏季高温、高湿、通风不足，冬季温度偏低、湿度大、通风差，舍内空气质量差。主要原因是猪舍的围墙结构的保温隔热性能差，即猪舍设计不符合要求；夏季防暑降温一般采用喷雾、淋水、湿帘等结合通风进行，降温效果受空气湿度制约；冬季为了降低生产成本，猪舍的环境控制不是在保证温度的条件下，根据猪对湿度和空气质量要求进行通风量控制，而是以保温为目标，控制通风量，减少供暖的费用，造成通风量不足，空气质量差。

二、场区环境问题

如果猪场的粪便和污水不加处理任意排放，或即使进行处理也不能达到国家无公害生产标准的要求，导致场区大气质量恶化，土壤和水也受到污染，如许多猪场氨气含量超标。猪场环境问题导致猪群生产力水平降低，发病率提高，如果有大的疫情发生，经济损失极大。此外，有的猪场在引进水冲或水泡粪便的养猪生产线时，没有引进环境控制设备和粪便污水处理设施，导致舍内湿度过大，冬季失热多，夏季散热慢；粪便污水难以处理，造成场区环境污染，并危及附近地区。

三、环境控制措施

（一）改善场区环境

1. 猪场合理规划布局　在建场时总体设计合理，其建筑物的规划布局就合理。对规划布局不合理的猪场一定要进行改造，使其布局尽量合理，如功能分区要合理，净、污道应分开，排水要合理通畅等，这是场区环境好的根本保证。

2. 合理处理和利用粪便等废弃物　猪场的粪便污水可以用做肥料、能源（沼气）或进行生物利用（养鱼）等。小型的猪场产生的粪污量少，可以直接利用，靠自然环境的净化作用消除污染；大型猪场产生的粪污量大，必须经过无害化处理，减少对场区及周边环境的污染。还应对粪污加强管理，粪场要设粪棚，避免雨水冲刷；粪便要尽快运走处理，避免产生有毒有害气体污染大气。大型猪场也可以建一个有机肥加工厂，把粪便等废弃物加工成高效有机肥，既合理地处理了粪污，又增加了企业的经济效益。

3. 绿化是净化空气的有效措施　植物的光合作用吸收二氧化碳、释放氧气，可以降低温度 $10\%\sim20\%$，减轻热辐射 80%，减少细菌含量 $22\%\sim79\%$，除尘 $35\%\sim67\%$，除臭 50%，减少有害有毒气体含量 25%，还有防风防噪声的作用。可见，绿化对于防暑降温、防火防疫，调节改善场区小气候状况具有明显的作用。

（二）低温情况下的饲养管理措施

（1）低温使猪采食量增加，但散热量也增加，因此不能因采食量增加而降低日粮营养浓度。

（2）在可能情况下加大饲养密度，注意防潮，及时清除粪尿，减少饲养管理用水；有条件的场也可以使用垫草。

（3）由于冬夜漫长而寒冷，饲喂时间安排应提前早饲和延后晚饲，或增加夜饲。

（4）加强猪舍门窗管理，风门加设门斗或门帘，防止孔洞和缝隙形成贼风。

（5）如果冬季猪舍温度达不到生产要求，就应该使用供暖设备供暖，可采用水、气、电等集中供暖，也可以采用热风炉、保温箱等局部供暖设备；有的猪场采用水暖作为热交换器，通过正压通风将热风送入猪舍，夏季可以通入冷水，向猪舍送冷风。如果猪场规模不大，也可以采用火炉、火墙、烟道等更省资金的做法。

（三）高温情况下的饲养管理措施

1. 提高日粮营养浓度　由于高温引起采食量下降，产热增加，因此必须根据采食量减少情况，相应提高日粮浓度，特别是能量和维生素水平。维生素 B 族和维生素 C，对防治应激有一定效果，但高温时，维生素 A、维生素 D、维生素 E 及某些 B 族维生素易破坏，故增加日粮维生素含量时，还应考虑此因素。

2. 增加饮水量　在高温情况下，猪以蒸发散热为主，保证充足而清凉的饮水是有效的防暑措施之一，一方面是保障蒸发散热的水分需要，另一方面清凉饮水在消化道内升温也可使机体降温。在不采用自动饮水器时，应勤清刷水槽，勤换水。

3. 减少饲养密度　猪群过大和饲养密度过高，均可加重热应激，因此在可能情况下，夏季应适当降低饲养密度。

4. 调整饲养管理操作规程　一方面应采取早晚喂饲；另一方面应及时清除粪尿污物，避免饮水器具漏水。加强通风以促进蒸发和对流散热，改进猪舍的遮阳、通风和隔热设计。

（四）空气质量控制

猪舍中空气质量差主要是由于有毒有害气体、尘埃和微生物造成的。为了减少猪舍空气中这些有害物质，应采取以下措施。

1. 控制源头　采用干清粪工艺，合理设计清粪排水系统，减少产生量；也可以使用除臭的生物制剂、药物等，通过混入饲料食入或撒在粪便上，减少污浊空气的产生量；还应注意管理操作，减少粉尘的产生。

2. 尽快排除　首先加强环境管理，及时清除和妥善处理粪尿污物。其次应做到合理通风，排除水气和潮湿空气，尤其是冬季尽量通风，有时高湿度的潮湿空气对猪的影响比低温还严重，但通风不能使猪舍温度低于生产临界温度（成年猪舍≥0℃、产房和仔培舍≥15℃）；通风是改善舍内小气候状况的重要措施，养猪场应高度重视。还要定期进行消毒、净化空气环境，消灭或减少病原微生物。

第三节　淮猪饲养工艺及设施

一、淮猪半舍饲（带运动场）饲养工艺及设施

淮猪半舍饲（带运动场）饲养工艺及设施是目前主要的饲养方式。

（一）半舍饲饲养工艺

淮猪半舍饲（带运动场）饲养猪舍东西走向、坐北朝南，每栋建筑长 48m，跨度 5m（不含运动场）。猪舍及猪栏均为砖混结构。猪栏单列式，舍内北侧有饲喂走道，走道宽 1.5m，舍外南侧有运动场，宽 3.5m。各类型猪舍一端均设置有储存室一间。各类半舍饲猪舍的布局见图 8-8、图 8-9、图 8-10。

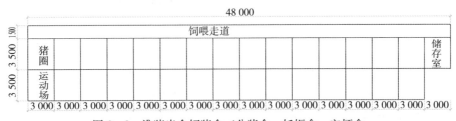

图 8-8　淮猪半舍饲猪舍（公猪舍、妊娠舍、空怀舍、
后备舍、保育舍）平面布局（单位：mm）

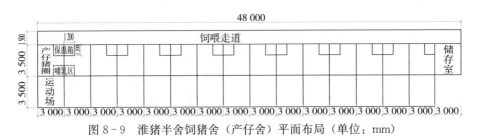

图 8-9　淮猪半舍饲猪舍（产仔舍）平面布局（单位：mm）

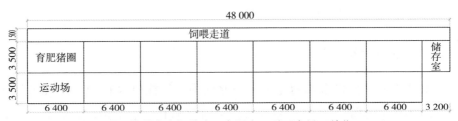

图 8-10　淮猪半舍饲猪舍（育肥舍）平面布局（单位：mm）

（二）半舍饲饲养设施

猪舍内养殖设施主要包括饲槽、饮水器等，产仔舍内还设有仔猪保温箱、保温灯等。具体设施设备见表8-6。

表8-6 猪舍内主要养殖设施

名 称	说 明
仔猪水泥保温箱	水泥箱内带木板
保温灯	仔猪保暖
母猪水泥食槽	水泥结构食槽
仔猪钢板补料槽	长方形，3孔食位
单面育肥猪落料槽	水泥落料槽，共4孔
双面育肥猪落料槽	水泥落料槽，共8孔
圆形食槽	水泥圆形食槽
双面保育猪落料槽	水泥落料槽，共8孔
单面保育猪落料槽	水泥落料槽，共4孔
清洗消毒车	清洗，消毒，喷雾
仔猪转运车	转群专用
饲料车、粪车	上料专用、运粪专用
耳标钳、耳号牌	喷塑
温度计	干湿温度计和常规温度计
饮水器	鸭嘴式饮水器：铸铜制/铜棒制、不锈钢 碗式饮水器：铸铁

二、淮猪舍饲饲养工艺及设施

（一）舍饲饲养工艺

1. 公猪舍 公猪舍东西走向、坐北朝南。每栋建筑长30～60m，跨度4.5m（不含运动场）。公猪栏单列式，舍内北侧有饲喂走道，走道宽1.5m。公猪圈长宽为3m×3m，舍外运动场长宽为3m×2.5m，并加盖有塑料大棚

（冬季保温）及遮阳网（夏季隔热）。为了使公猪保持精力旺盛和强壮，提高受精率和生产健壮的仔猪，公猪栏应有足够的空间供公猪活动。为防止公猪间的相互咬斗，应当采用1栏1头的个体单栏饲养，围栏高度不低于1.2m。同时在公猪舍外与舍内公猪栏相对应的位置设置运动场，以加强公猪的运动，使其食欲旺盛，提高性欲和精液品质，增长公猪的使用寿命。淮猪舍饲饲养公猪舍的具体工艺设计如图8-11、图8-12所示。

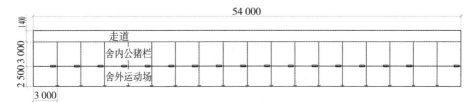

图8-11 公猪舍平面（单位：mm）

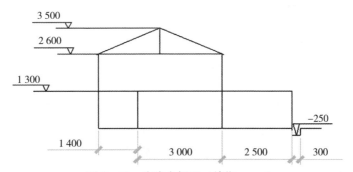

图8-12 公猪舍侧面（单位：mm）

2. 待配舍　待配空怀母猪采用小群饲养，一群一栏。待配空怀母猪舍东西走向、坐北朝南，每栋建筑长30～50m，跨度7.2m。猪栏双列式，舍内中间饲喂走道，走道宽1.2m，猪圈长宽为3m×3m。淮猪舍饲饲养待配空怀母猪舍的具体工艺设计如图8-13、图8-14所示。

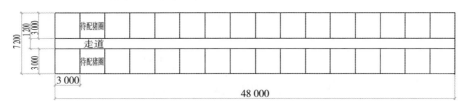

图8-13 待配母猪舍平面（单位：mm）

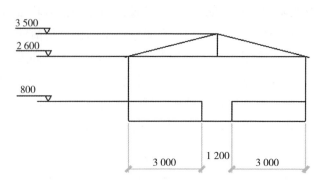

图 8-14 待配母猪舍侧面（单位：mm）

3. 妊娠舍　妊娠母猪采用小群饲养，一群一栏。妊娠母猪舍东西走向、坐北朝南，每栋建筑长 30～60m，跨度 7.2m。猪栏双列式，舍内中间饲喂走道，走道宽 1.2m，猪圈长宽为 3m×3.3m。淮猪妊娠母猪舍的具体工艺设计如图 8-15、图 8-16 所示。

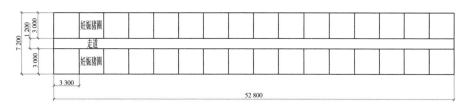

图 8-15　妊娠母猪舍平面（单位：mm）

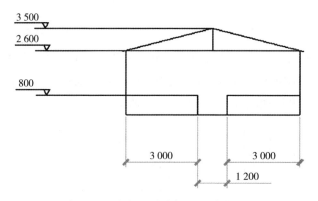

图 8-16　妊娠母猪舍侧面（单位：mm）

4. 分娩舍及保育舍　分娩舍及保育舍东西走向、坐北朝南，每栋建筑长

30～60m，跨度 7.6m。猪栏双列式，舍内中间为清粪走道（宽 1.6m），南北两边设有饲喂走道（宽 1.0m）。分娩高床及保育高床长宽均为 2m。培育高床的长宽比应接近于 1（接近于正方形），淮猪幼仔猪在里面活动没有紧迫感，可以使其达到最好生长效果。淮猪舍饲饲养分娩舍及保育舍的具体工艺设计如图 8-17、图 8-18 所示。

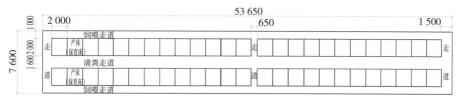

图 8-17　分娩母猪（或保育）舍平面（单位：mm）

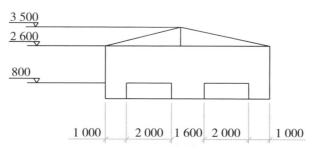

图 8-18　分娩母猪（或保育）舍侧面（单位：mm）

5. 生产育肥舍　生产育肥舍东西走向、坐北朝南，每栋建筑长 30～60m，跨度 10.4m。猪栏双列式，舍内中间为清粪走道（宽 1.6m），南北两边设有饲喂走道（宽 1.2m），生长育肥栏长宽均为 5m×3.2m。淮猪舍饲饲养生产育肥舍的具体工艺设计如图 8-19、图 8-20 所示。

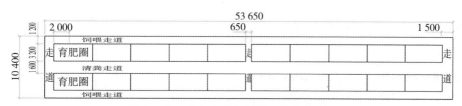

图 8-19　生产育肥舍平面（单位：mm）

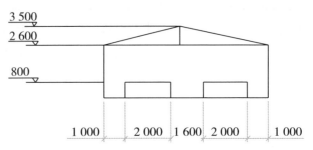

图 8-20　生产育肥舍侧面（单位：mm）

（二）舍饲饲养设施设备

为了提高淮猪的生产效率和便于养猪生产操作，可按照淮猪的生理生长的规律，进行设施饲养。淮猪设施饲养常用设施设备见表 8-7。

表 8-7　淮猪设施饲养常用设施设备

名　　称	说　　明
无动力屋面通风器	不锈钢材质、彩钢板材质
排气扇	200m³/min、500m³/min
复合材料漏粪地板	塑料漏粪地板、铸铁漏粪地板
固液分离机	滤水免动力，无机械故障，滤网可免工具反转拆洗
喷雾降温喷头	塑料材质，间隔 3m 安装 1 个，常压即可
母猪小群栏	圆钢，含饮水器
公猪栏	圆钢，含饮水器
双电路玻璃钢电热板	双电路，可调温开关，250W
仔猪玻璃钢保温箱	带有机玻璃观察口
母猪铸铁食槽	含铸铁挡料板
仔猪钢板补料槽	长方形，3 孔食位
单面育肥猪落料槽	铸铁底钢板槽，共 4 孔
双面育肥猪落料槽	铸铁底钢板槽，共 8 孔
圆形食槽	圆形铸铁底、不锈钢圆形料箱，出料量可调节

名　　称	说　　明
单面保育猪落料槽	钢板槽，共4孔
双面保育猪落料槽	铸铁底钢板槽，共8孔
高床分娩栏	底部全部为复合材料地板（铸铁板、塑料板）、限位架、仔猪玻璃钢保温箱、加热器、圆钢围栏、母猪铸铁食槽、仔猪钢板补料槽、饮水器、支脚
高床保育栏	底部全部为复合材料漏粪地板、铸铁地板或钢编网地板、双面铸铁底钢板料槽、圆钢围栏、饮水器、支脚
加温机	猪舍保暖加温
冷风机（降温循环泵）	猪舍降温
风机湿帘系统	猪舍降温
清洗消毒车	清洗、消毒、喷雾
仔猪转运车	转群专用
饲料车、粪车	上料专用、运粪专用
耳标钳、耳号牌	喷塑
温度计	干湿温度计和常规温度计
饮水器	鸭嘴式饮水器：铸铜制/铜棒制、不锈钢 碗式饮水器：铸铁（深式/浅式）

第四节　废弃物处理

为了保证无公害生猪生产，必须做好废弃物处理及环境控制工作，要做到对环境的零污染或者是最低污染。从循环型畜牧业建设角度，可以采用"四化"的方法，即减量化、无害化、资源化、生态化。

（一）减量化

减量化即通过源头分流，将粪污减少到最低量。为了实现这一目标，可以从多个角度采取相应措施。

1. 提高饲料中氮、磷的利用率　为了减少粪尿对环境的污染，许多发达国家采用多种方法提高对饲料中蛋白质、氨基酸的利用效率，而降低日粮中蛋白质含量，间接减少氮的排出量。美国的最近研究结果表明，猪日粮中粗蛋白质的含量每降低1％，氮的排出量就减少8.4％左右。假如将日粮中粗蛋白质从18％降低到15％，就可将氮的排出量减少1/4。欧洲饲料添加剂基金会指出，降低饲料中粗蛋白质含量而添加合成氨基酸，可使氮的排出量减少20％～25％。通过添加植酸酶等酶制剂可提高谷物和油料作物饼粕中植酸磷的利用效率，从而减少磷的排泄量。

2. 合理使用饲料添加剂　目前包括微量元素在内的一些营养成分的超量使用对环境造成危害的情况尚没有引起人们足够的重视。有些猪场饲料中铜用量高达150～200mg/kg，甚至更多，超过标准用量（国家标准3～5mg/kg）30～60倍，离中毒剂量（250mg/kg）只有50mg/kg，对环境污染和人畜安全带来不可估量的后果。砷的污染情况，同样令人担忧。据张子仪研究员测算，一个万头猪场按美国FDA允许使用的砷制剂用量测算，若连续使用含砷添加药饲料，如果不在粪便处理方面采取相应有效的措施，5～8年之后将可能向猪场周围排出近1t砷，16年之后土壤中含砷量可增加1倍。为此，有关专家呼吁，规模化养殖业及饲料工业中任何一项技术措施的采用都必须以"可持续发展"为前提，认真对待"人畜共荣"的问题，对以污染环境、耗竭自然资源为代价的饲养技术及饲料添加剂等应坚决禁止使用。

3. 科学建场、粪尿分离、雨污分离　合理规划与选址是解决好粪污问题的先决条件。兴建规模化养猪场必须先要有一个好的规划。场址的选择，首先应从总体规划和保护环境出发，尽量把猪场建到离城市、工业区、人口密集区较偏远的郊县。其次要考虑粪污的排放与处理的方便。选择有一定坡度，排水良好，离农田、菜地、鱼塘或果园、林区较近的地方建场，而且场与场之间的距离尽量远些。这样有利于农牧结合，就地利用，减少运输。与此同时，要把污染治理配套设施纳入总体规划之中。

（1）粪尿分离　在猪舍内采用一种新的地面结构完成粪尿分离。采用这种结构的猪舍一般采用人工清粪方式清除舍内的粪便。整个地面结构由斜面、平台和尿沟三部分组成，猪粪尿从漏缝地板落下后，尿流入尿沟中，粪则留在斜面上，由人工利用刮板等工具将其收集在一起，然后装车运走，猪尿和冲洗猪舍的废水则通过尿沟流到舍外的污水管道中，再经汇总后进行处理。采用舍内粪尿分离的猪舍，需要在舍内留出清粪通道，清粪通道要比地面低0.6～

1.0m，以利于人工操作。舍内粪尿分离的优点是减少了冲洗用水量，并且使后续的粪尿处理量大大降低；缺点是劳动生产率低，猪舍的有效使用面积降低。

（2）雨污分离　是减少污水处理工作量的一种重要措施。在完全舍内饲养的育肥猪场，可以通过构建专门的排雨水管道来排水，对于设有舍外运动场的育肥猪舍，由于猪只所排的粪便大部分都在设有饮水装置的舍外，雨水和污水分离不容易实现。

（二）无害化

无害化即通过科学处理，使猪粪尿对环境的危害得到控制。一般采取生物处理，即干粪经过堆积自然发酵用作肥料，污水经蓄粪池露天存放（好氧发酵）处理后向农田排放。

1. 粪便无害化处理　干粪堆肥处理是对粪便进行处理的一种方法，在微生物的作用下将粪便中的有机物分解成稳定物质。一般用好氧发酵法进行堆肥处理，在微生物分解有机物的过程中产生大量的热量，使粪便中达到35～70℃的高温，足以杀死粪便中的病原微生物、寄生虫、虫卵和草籽。腐熟后的粪便无臭味，复杂有机物被分解成易被植物吸收的简单化合物，成为高效有机肥料。在养猪场中常用的堆肥处理设备有自然堆肥、堆肥发酵塔等。

（1）自然堆肥　将粪便堆成宽高分别为2.0～4.0m和1.5～2.0m的垛条，让粪便自然发酵、分解、腐熟。在干燥地区垛条断面呈梯形；在多雨地区和雨季，垛条顶部为半圆形或在垛条上方建棚以防雨水进入（图8-21）。在垛条底部铺设通风管道给粪堆充气，以加快发酵速度。在前20d内应经常充气，堆内温度可升至60℃，此后自然堆放2～4个月可完成腐熟。其优点是设备简单，运行费用低；缺点是处理时间长。适合于小型养猪场。

（2）堆肥发酵塔　粪便由带式输送机送至发酵塔顶部，再经旋转布料机均匀地将粪便送入发酵塔中，通过通风装置向塔内的粪便层中充气使粪便加速发酵（图8-22）。经过3d左右粪便即可完全腐熟。腐熟的粪便由螺旋搅龙输送机输送到输料皮带机上，然后由其排出发酵塔。堆肥发酵塔的工作过程可以是间歇的，也可以是连续的。堆肥发酵塔的特点是发酵时间短，生产率高，适合于大中型养猪企业使用。

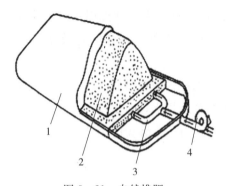

图 8-21　自然堆肥

1. 表层已腐熟的粪便　2. 粪便

3. 通风管　4. 风机

（引自陈坚，《环境生物技术》，1999）

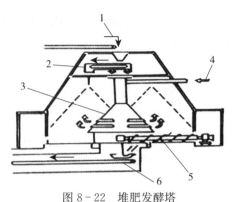

图 8-22　堆肥发酵塔

1. 进料皮带　2. 螺旋布料机　3. 通风装置

4. 空气　5. 螺旋输送机　6. 输送皮带

（引自陈坚，《环境生物技术》，1999）

2. 污水无害化处理

（1）沉淀池和化粪池　在大型养猪企业的养猪场，虽然采用室内粪尿分离法可以大量减少用水量，但不可避免还是产生大量的污水，对这些粪便含量比较低的污水常用沉淀池和化粪池等来收集贮存。在猪场中常用的沉淀池是平流式结构。平流式沉淀池的水平断面为矩形，粪液由池一端的进液管进入，经过挡板的阻挡后，水平流过沉淀池，流速不超过 $5\sim10mm/s$，粪便颗粒便沉于池底，澄清后的水从池子另一端的出液口流出（图 8-23），从而达到初步固液分离的目的。定期从池中挖出沉于池底的固体粪便。

比沉淀池结构稍微复杂一些的贮存结构是化粪池（图 8-24）。污水进入化粪池后，逐渐沉淀分离成固液两层，上层为澄清的液体，下层是固体粪便。上层液体在好氧性微生物的分解作用下被净化，下层固体粪便被厌氧性微生物分解成腐熟的肥料。经过净化的澄清液通过溢流管流入贮液池，可用来冲洗猪

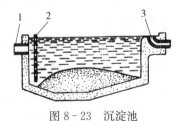

图 8-23　沉淀池

1. 粪液入口　2. 挡板　3. 液体出口

（引自陈坚，《环境生物技术》，1999）

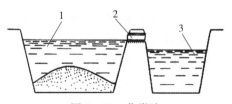

图 8-24　化粪池

1. 化粪池　2. 溢流管　3. 贮液池

（引自陈坚，《环境生物技术》，1999）

舍或灌溉农田。经过一段较长的时间后，当化粪池内沉淀的固体粪便层达到一定厚度后时，用机械设备将其运出作为肥料。化粪池一般用混凝土建造，要做好防渗处理，以防污水渗出污染地下水源。用化粪池处理粪便设备简单，运行费用低；但处理时间长，占地面积大，在处理过程中会散发大量臭气，造成环境污染。

（2）污水处理设施设备　大型养猪企业日产污水量很多，单靠沉淀池和化粪池是不能从根本上解决污水处理问题和其造成的环境污染问题，这就需要用污水处理设施对养猪场污水进行系统的处理。污水处理设施随处理方法不同而变化，常用的处理方法有好氧处理、厌氧处理和先厌氧后好氧处理。好氧处理又分为活性污泥法和生物膜法等。活性污泥含水率98%～99%，具有很强的吸附和氧化分解有机物的能力。在充分供氧的情况下，活性污泥中的微生物大量繁殖，不断地摄取、分解污水中的有机质，同时在其沉淀作用下污水被净化。

①污水处理设施：在养猪场中常用的污水处理设施有曝气池、氧化沟、好氧生物滤池、厌氧生物滤池和厌氧-好氧二级污水处理系统等。

曝气池：是采用人工增氧利用活性污泥法净化污水的生物池。由曝气机向池内供氧，经过微生物的氧化分解后，污水流入二次沉淀池。沉淀的污泥一部分排出，一部分作为活性污泥再被引回到曝气池；处理后的澄清液被用来冲洗猪舍或排放掉（图8-25）。曝气池池深一般3～5m。根据污水的流量，曝气池可以单个使用，也可以多个串联使用。

氧化沟：也称循环式曝气池。它是一个长的环形沟，在离污水入口不远处安装转刷式翻液轮。翻液轮浸入水中70～100mm，在转动时不断地打击液面，从而使空气充入污水中，污水在沟内循环流动。经过处理后的污水再经二次沉淀池净化处理后即可排放（图8-26）。沉淀的污泥一部分定期清除，一部分作为活性污泥流回到氧化沟。

好氧生物滤池：是一种利用生物膜法处理污水的设施，主要由布水器、滤料和排水系统等组成（图8-27）。其工作原理是：在滤池内设置固定的滤料，当布水器经污水自上而下喷向滤池时，污水不断与滤料接触，因此微生物就在滤料表面生长繁殖，逐渐形成生物膜。生物膜是由多种微生物组成的一个生态系统，从污水中吸收有机物作为营养源，在代谢过程中获得能量，并形成新的微生物机体，使污水中的有机物被分解。当生物膜形成并达到一定厚度时，氧

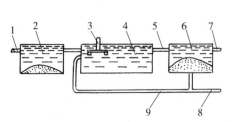

图 8-25　曝气池

1. 污水进水管　2. 初次沉淀池　3. 曝气机

4. 曝气池　5. 出液管　6. 二次沉淀池

7. 出水管　8. 剩余污泥排放管

9. 活性污泥回流管

（引自陈坚，《环境生物技术》，1999）

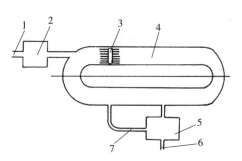

图 8-26　氧化沟

1. 污水入口　2. 初次沉淀池　3. 翻液轮

4. 氧化沟　5. 二次沉淀池　6. 放液口

7. 活性污泥回流管

（引自陈坚，《环境生物技术》，1999）

就无法进入生物膜内层，造成内层的厌氧状态，使生物膜的附着力减弱。此时在水流的冲刷作用下，生物膜开始脱落，脱落的生物膜变成污泥。随后在滤料上又会生长新的生物膜。如此往复循环，使污水得以净化。滤料是生物膜赖以生存的载体，应具备以下特征：能为微生物的繁殖提供大量的表面积；能使污水以液膜状态均匀分布其表面；有足够大的孔隙率使脱落的生物膜能随水通过孔隙流到池底；适合于生物膜的形成及黏附，且既不被微生物分解，又不抑制其生长；有较高的机械强度，不易破碎变形。常用的滤料有碎石、卵石、炉渣等。

厌氧生物滤池：是一种利用厌氧微生物处理污水的设施。与好氧生物滤池不同的是，厌氧生物滤池是密闭的，因此使得厌氧微生物得以生长繁殖。厌氧生物滤池的工作原理是：当污水流经滤料层时，厌氧微生物附着在滤料层上，并以污水中的有机物作为营养源进行生长繁殖，使得有机物得到分解，并产出甲烷和二氧化碳，于是污水得以净化。根据水流方向，厌氧生物滤池分为升流式（图 8-28）和降流式两大类。

厌氧-好氧二级污水处理系统：是利用厌氧微生物和好氧微生物联合对污水进行处理的设施。污水首先进入厌氧处理系统，经过厌氧处理后，除去一部分或大部分有机物，并将某些有机物转化为易被好氧微生物分解的物质后，再进入好氧系统进行进一步好氧分解处理，从而使处理后的水质达到排放要求。实践表明，这种处理系统效率高，效果好，并能够节省动力消耗。

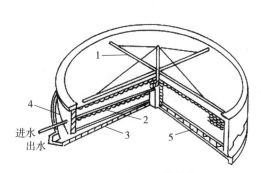 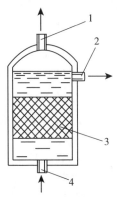

图 8-27　好氧生物滤池

1. 旋转布水器　2. 滤料　3. 集水沟

4. 总排水沟　5. 渗水装置

（引自陈坚，《环境生物技术》，1999）

图 8-28　升流式厌氧生物滤池

1. 导气管　2. 出水管　3. 滤料　4. 进水管

（引自陈坚，《环境生物技术》，1999）

②污水处理设备：污水处理设备是为污水中的好氧微生物提供充足氧气使其对有机污染物进行降解的设备。在养猪场中常用的污水处理设备有曝气机和生物转盘。

曝气机：其功能是将空气中的氧气有效地转移到污水中去。根据工作原理，曝气机分鼓风式和机械式两种形式。鼓风式曝气机利用风机向污水中供应空气；机械式曝气机利用机械设备使污水不断地与空气接触，空气中的氧气从而溶解于污水中。机械式曝气机的动力消耗小于鼓风式曝气机。在机械式曝气机中又以叶轮型最为常见（图 8-29）。叶轮型曝气机的叶轮有平板形、倒伞形和泵形三种。平板形叶轮是一个圆盘，底部装有放射状的叶片。倒伞形叶轮的形状像一把倒挂的伞，由一圆锥体和连接在锥体外表面的叶片组成，叶片的末端在圆锥体边缘沿水平面外伸一小段距离，动力效率比平板形略高。泵形叶轮由导流锥体、叶片和上下压罩等组成，其动力效率和提升能力都较高。

生物转盘：是利用生物膜法处理污水的设备。生物转盘的主要工作部件是固定在转轴上的多片盘片（图 8-30）。盘片的一半浸在氧化槽的污水中，另一半暴露在空气中。当转盘转动时，污水中的微生物附着在盘片的表面，盘片面上将长出一层生物膜。盘片交替与空气和污水接触。当盘片浸没于水中时，污水中的有机物被转盘上的生物膜所吸附；当盘片离开污水时，其上形成一薄薄的水层，水层从空气中吸收氧，而被吸附的有机物则被生物膜上的微生物所分解。这样，转盘每转动一周，即进行一次吸附→吸氧→分解氧化过程，转盘不断地转动，就使污水中的有机物不断分解氧化，于是污水得到净化。同时，转盘附着水层的氧是过饱和的，它把氧带入氧化槽，使槽中污水的溶解氧含量不断增加。随着转动时间的加长，生物膜逐渐变厚，衰老的生物膜在污水水流与盘片之间产生的剪切力作用下而剥落，随污水流走，最终在二次沉淀池被截留（图8-31）。由生物膜脱落而形成的污泥密度较大，很容易沉淀。

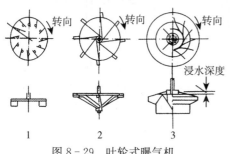

图8-29　叶轮式曝气机

1. 平板形　2. 倒伞形　3. 泵形

（引自陈坚，《环境生物技术》，1999）

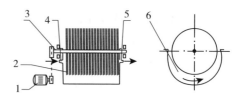

图8-30　生物转盘

1. 电机　2. 盘片　3. 转轴　4. 进水口

5. 出水口　6. 氧化槽

（引自陈坚，《环境生物技术》，1999）

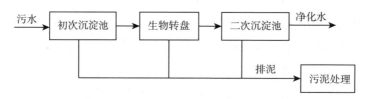

图8-31　生物转盘污水处理系统基本工艺流程

（引自陈坚，《环境生物技术》，1999）

（三）资源化

资源化即促进转化，通过加工处理变废为宝，并且使其产生一定的经济效益。尽量将循环经济理论引入现代养猪生产之中，按照3R原则，即减量（Reduce）、再循环（Recycle）、再利用（Reuse）原则，进行生猪粪尿的处理。

在大中型养猪企业中猪产生的粪便可以用堆肥发酵塔的方法来处理，从而把猪粪便中的有害微生物和虫卵等杀死，最后生产腐熟的有机肥料。

利用厌氧微生物的发酵分解作用来处理猪粪尿并生产沼气和优质肥料也是

很多养猪企业所采用的方法，如江苏宜兴昌兴生态农业有限公司通过投资建造大型沼气池对污水进行资源化处理，通过生产复合有机肥对粪便进行处理，达到非常理想的效果。所用的沼气发生设备主要由粪泵、发酵罐、加热器和贮气罐等部分组成（图8-32）。发酵罐是一个密闭的容器，其四周有粪液输入管、粪便输出管、沼气导出管、热交换器、加热器以及循环粪泵等。粪泵把粪液送入发酵罐中进行厌氧发酵，产生的沼气由导出管输入贮气罐中。循环粪泵使粪液通过热交换器被加热，提高粪液温度，达到高温发酵，提高发酵效率，加大产气量。贮气罐有一个可以上下浮动的顶盖，根据进气量的多少上下浮动以保持沼气输出管路中有一定的压力。经厌氧高温发酵处理后的粪便，其中的虫卵和致病原都被消灭，成为无菌无害、腐熟良好的优质肥料。利用沼气发生设备处理养猪场粪便污水，不仅可以得到优质肥料，而且还可以获得沼气。

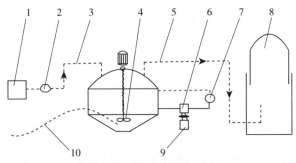

图8-32 沼气发生设备工艺

1. 贮粪池 2. 粪泵 3. 粪液输入管 4. 搅拌器 5. 沼气导出管 6. 热交换器

7. 循环粪泵 8. 贮气罐 9. 加热器 10. 腐熟粪便排出管道

（引自陈坚，《环境生物技术》，1999）

中国沼气研究所开发出来的无动力-自然处理模式是猪场粪污处理的一种比较实用的工艺（图8-33）。在此种工艺中，废水处理以环境效益为主，兼顾能源（沼气）回收，以厌氧消化为主体工艺，结合氧化塘或土地等自然处理系统，可以使处理出来的水达到国家排放标准。此种模式已在我国南方地区得到了较为广泛的推广应用。此处理模式投资较少，一个万头猪场废水处理工程投资仅需25万～35万元，只占猪场建设总投资的3%～4%；运行管理费用低，不耗能；污泥量少，不需要复杂的污泥处理系统；没有复杂的设备，管理方便，对周围环境影响小，无噪声；可以回收能源（甲烷）。但需要占用较多土地，故只适用于有较多空地的规模猪场；负荷低，产气率低，甲烷回收量较少。

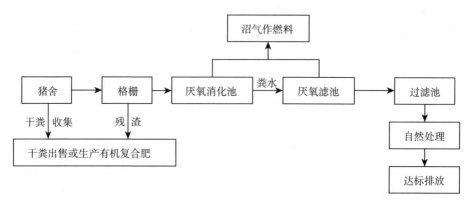

图 8-33 无动力-自然处理模式工艺流程

在此基础上，还有一些循环型途径，例如，将上述收集到的干粪或残渣用来饲养蛆蝇或蚯蚓，蛆蝇可作为牛蛙等特种动物养殖的高蛋白质饲料资源，也可以经过处理直接提取蛆蝇蛋白质，作为动物的高蛋白质饲料资源；蚯蚓可用于提取链激酶、蚓激酶等，将产业链延伸，提高生猪生产副产品的附加值。蛆蝇或蚯蚓消化过的残渣或沼气发酵池的沼渣，还可以作为一些食粪型食用菌的培养基。

（四）生态化

生态化即通过合理的布局，使养殖业与种植业、水产业、林业等密切联系，有机结合共同发展。目前，国内外常用的物质循环利用型生态系统主要有种植业-养殖业-沼气工程三结合的生态工程、养殖业-渔业-种植业三结合的生态工程、养殖业-渔业-林业三结合的生态工程等类型。种植业-养猪业-沼气工程三结合的物质循环利用型生态工程应用最为普遍，效果最好（图 8-34）。

规模化猪场排出的粪便污水进入沼气池，经厌氧发酵产生沼气，供民用炊具、照明、采暖（如温室大棚等）、甚至发电；沼液不仅作为饵料，用以养鱼、养虾等，还可以用来浸种、浸根、浇花，并对作物、果蔬叶面、根部施肥；沼气渣可用作培养食用菌、蚯蚓，解决饲养畜禽蛋白质饲料不足的问题，剩余的废渣还可以返田增加肥力，改良土壤，防止土地板结，大大减少化肥、农药的用量。

可以看出，物质循环利用型生态系统实际上是一个以生猪饲养为中心，沼气工程为纽带，集种、养、鱼、副、加工业为一体的生态系统，它具有与传统

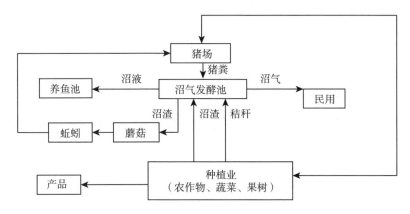

图 8-34 种植业-养猪业-沼气工程三结合物质循环利用型生态系统

养殖业不同的经营模式。在这个系统中，生猪得到科学的饲养，物质和能量获得充分的利用，环境得到良好的保护，因此生产成本低，产品质量优，资源利用率高，收到了经济效益与生态效益同步增长的效果。

规模化养殖业的粪、尿和农业化肥均是氮、磷污染的两大来源，据测算，一个年产 5 000 头规模的养猪场，每年至少向周围排污 1.5 万 t，大约相当于排放 54t 氮和 15t 磷，无疑是一个很大的排污量。如果实行农牧结合，养种结合，按一般的施肥量（每亩* 10kg 氮）计算，只需 0.25 万亩农田（年种两茬），就能就地消化。如果种草、种菜收刈多次，需肥量成倍增加，消化量更大。如果规模小一点就更好解决。如若采用机械或其他处理方法则需增加很多投资。可见，农牧结合，适度规模经营结合千家万户化污为肥、回归自然，实现农业良性循环是一种经济、有效、适合国情，解决氮、磷污染之举。

另一种行之有效的办法是实行综合养殖，如猪-鱼、猪-气（沼气）-鱼等相结合。全国许多地方利用猪粪繁殖浮游生物养鱼，或加工成复合肥与饲料，实行猪-气-加相结合，既有效地保护了环境，又增加了收入。此外，猪粪通过微生物发酵，将粪中的氮素转化为微生物菌体蛋白，将难以吸收的复杂化合物变为易消化吸收的简单化合物作为饲料，进行再利用，亦可达到变废为宝的目的。

---

* 亩为非法定计量单位，1 亩≈666.7m^2。

第九章
淮猪福利饲养模式及研究与主要产品开发

第一节　淮猪的福利饲养模式

1. 采用猪舍外带运动场饲养模式　猪舍外带运动场，每头猪占用猪舍面积大，自由活动空间大。除保育舍采用高床保育，不带运动场外，其他类型猪舍（如生长育肥舍、公猪舍、母猪舍）多带运动场，保证每头猪有充分的活动空间，满足淮猪的习性。

2. 运动场增加防暑降温及保温设施　多年来淮猪猪舍多采用半开放式，除饮食、睡眠场所为封闭或半封闭外，另在猪舍外侧建一和猪舍面积差不多的带围墙的运动场，以方便淮猪运动、晒太阳、排泄等。虽然淮猪能够适应这种环境，但在夏季，由于高温的影响，对淮猪的正常生长速度和仔猪成活率产生一定的不良影响，降低了饲料利用率，增加了饲养成本。通过合理改进猪舍运动场的建设结构，增加防暑降温、冬季保温设施，既解决了淮猪运动、健康保障的问题，又提高了生长速度和仔猪成活率，增加了经济效益。

3. 猪舍内增加木板和供给垫草　淮猪多采用地面平养方式，冬季猪卧在冰冷的地面上，对猪的生长和健康会产生不利影响。传统的做法多是用稻草或麦草铺垫保温。使用垫草进行保温时，草的使用率低，一般 $2\sim3d$ 就要更换，增加了猪舍卫生清扫的工作量，不利于保持猪舍环境卫生。通过探索，在猪舍内增加木板，达到一定的保温效果，保障了猪的健康，改善了猪舍卫生环境。

4. 公母猪饮食福利　哺乳母猪及乳猪产后一星期喝鱼汤，哺乳全程不断豆浆。公母猪每周刷拭 1 次，定期洗澡，配种公猪每天饲喂 2 个鸡蛋。母猪全程不用限位栏，大量投放青绿饲料。

5. **仔猪不剪牙、不断尾** 剪牙断尾最初的目的是避免咬尾等恶癖的出现，而咬尾的出现与营养、饲养环境相关，在饲养环境良好、日粮营养全面的猪场，可不必给仔猪剪牙断尾，并为其提供玩具。

6. **育肥猪半舍饲半放牧饲养** 育肥猪舍外建放牧地，种植白三叶草、紫花苜蓿、大麦、黑麦草等。育肥猪全程添加青绿饲料，后期添加山芋藤粉、花生藤粉等粗饲料，粗饲料添加量占饲料的5%～20%。这样可改善淮猪及特色商品猪的饲料结构，减少精饲料的用量，节约养殖成本，提高猪肉品质和风味。

7. **实施人道屠宰** 淮猪建有专门配套的屠宰厂，按国家相关标准建设，实施人道屠宰。宰前的处置应尽量减少动物的应激，适当且高效的致晕设备能快速使动物失去知觉和意识，保证动物在屠宰过程中不会苏醒。

第二节　淮猪的福利饲养研究

一、垫草对断奶淮猪仔猪福利水平及生长性能的影响

垫草具有价格低廉、触感良好的特点，可以充分满足猪拱咬的天性。因此，福利专家把稻草等垫料的使用作为动物福利很重要的一个指标，研究发现，添加垫草可提高猪的舒适性，减少氨气的排放。本研究以稻草作为垫料，探究其对断奶淮猪仔猪福利水平的影响。

【目的】不同的垫草添加量对于断奶淮猪仔猪福利水平及生长性能的影响。

【方法】试验选取45日龄断奶淮猪仔猪60头，稻草添加量分别为0g、33g、67g、134g，每组15头，试验期间每3d早上6：00更换一次，试验持续8周。记录试验始末仔猪重量，第1周、4周、7周的第2天8：00～16：00观察各组仔猪行为，记录在8h内发生行为的次数，试验第4和第7周的第3天10：00测定唾液皮质醇水平。

【结果】与对照组（没有添加麦秸组）相比，占有量为134g垫草组的仔猪试验末重显著提高（$P<0.05$），见表9-1；试验第7周占有量为134g垫草组的猪站立的次数显著降低，见表9-2和表9-3；第7周每头猪占有134g垫草组的皮质醇水平显著降低（$P<0.05$），表明每头猪垫草占有量为134g时，断奶仔猪福利水平较好（表9-4）。

表 9-1　不同垫草占有量对仔猪生长性能的影响

测定指标	0	33g/头	67g/头	134g/头
试验初重（kg）	6.64[a]±0.22	6.46[a]±0.17	6.16[a]±0.41	6.29[a]±0.33
试验末重（kg）	16.54[bc]±0.69	16.99[ac]±0.75	17.68[ac]±0.86	18.65[a]±0.49
平均日增重（g）	165.12[Bb]±10.72	175.60[Aab]±11.92	192.02[Aab]±9.98	206.07[Aa]±6.85
料重比	3.42[a]±0.24	3.22[ac]±0.25	2.96[ac]±0.20	2.65[bc]±0.15

注：同行数据肩标大写字母不同表示差异极显著（$P<0.01$），小写字母不同表示差异显著（$P<0.05$）。

表 9-2　不同垫草占有量对仔猪第 1 周行为的影响

每头猪的垫草占有量	站立	躺卧	针对圈舍	针对稻草	针对同伴进攻
0	24.72[a]±4.5	48.06[a]±4.59	25.11[a]±2.76	0	1.96[A]±0.27
33（g）	22.30[a]±3.70	45.63[a]±5.04	20.69[ac]±2.97	10.67[a]±3.19	0.77[Bb]±0.14
67（g）	19.51[a]±2.57	49.49[a]±2.57	17.52[acd]±1.70	12.85[a]±2.92	0.62[Bs]±0.12
134（g）	19.32[a]±1.91	48.66[a]±5.23	14.53[bcd]±2.72	16.78[a]±3.49	0.63[Bs]±0.18

注：同列数据肩标大写字母不同表示差异极显著（$P<0.01$），小写字母不同表示差异显著（$P<0.05$）。

表 9-3　不同垫草占有量对仔猪第 4 周行为的影响

每头猪的垫草占有量	站立	躺卧	针对圈舍	针对稻草	针对同伴进攻
0	22.13[a]±5.24	49.39[a]±5.00	28.06[Aa]±1.94	0	0.55[acd]±0.06
33（g）	17.65[a]±0.92	50.59[a]±4.08	20.63[Aae]±2.97	10.17[a]±3.03	0.96[a]±0.33
67（g）	14.48[a]±2.13	50.19[a]±3.14	15.18[Abcd]±2.20	19.52[a]±3.43	0.63[ac]±0.08
134（g）	15.53[a]±1.78	52.87[a]±3.14	12.37[Bcd]±1.62	18.86[a]±4.07	0.37[bcd]±0.09

注：同列数据肩标大写字母不同表示差异极显著（$P<0.01$），小写字母不同表示差异显著（$P<0.05$）。

表 9-4　不同垫草占有量对仔猪第 7 周行为的影响

每头猪的垫草占有量	站立	躺卧	针对圈舍	针对稻草	针对同伴进攻
0	24.97[a]±3.60	48.47[a]±4.39	25.62[a]±2.96	0	0.95[a]±0.25
33（g）	20.97[ac]±2.84	47.85[a]±1.94	20.78[ac]±3.27	9.33[Bb]±2.40	1.06[a]±0.26
67（g）	17.52[acd]±1.70	48.66[a]±3.19	18.18[acd]±2.33	15.15[Aab]±2.30	0.48[a]±0.11
134（g）	15.87[bcd]±1.62	45.76[a]±2.65	14.57[bcd]±3.47	23.2[Aa]±2.41	0.6[a]±0.09

注：同列数据肩标大写字母不同表示差异极显著（$P<0.01$），小写字母不同表示差异显著（$P<0.05$）。

二、群养及限位栏对淮猪妊娠母猪福利水平及繁殖性能的影响

限位栏饲养是工业化养猪的必然产物，既可以节约土地，方便管理，也可以防止胚胎附植前流产，有利于提高生产效率。但它限制母猪的自由活动，并可能对母猪的生产性能和福利状况产生一定影响。淮猪作为我国优秀的地方猪种之一，妊娠期一直采用群养模式，限位栏对其繁殖性能和福利水平有何影响，还鲜有报道。

【目的】研究群养及限位栏对淮猪妊娠母猪福利水平及繁殖性能的影响。

【方法】试验采取饲养模式单因子设计，选取健康、相同胎次（3 胎），预产期接近的淮母猪 30 头，妊娠 4 周后，其中 15 头饲养在限位栏中，另外 15 头分 3 个圈群养，对两种饲养条件下母猪的行为进行观察，并在妊娠第 8 周和第 14 周的时候采集母猪的唾液测定其皮质醇，并记录两组淮母猪的产活仔数、弱仔数、死胎数、仔猪初生重。

【结果】表 9 - 5 表明在两种不同的饲养模式下，母猪在产死胎数方面差异极显著（$P<0.01$），而在产活仔数、弱仔数、初生重方面差异不显著（$P>0.05$），这表明限位栏对于淮母猪的繁殖性能有一定的影响。表 9 - 6 表明妊娠后期限位栏组皮质醇水平显著高于群养组（$P<0.05$）。在妊娠中期，两种模式下站立行为和非摄食口部活动出现的频率差异均极显著（$P<0.01$），两种模式下犬坐、空嚼和积极行为出现的频率差异均显著（$P<0.05$）；在妊娠后期，犬坐、空嚼和非摄食口部活动在两种饲养模式下差异均极显著（$P<0.01$），站立行为和积极行为在两种饲养模式下差异均显著（$P<0.05$），如表 9 - 7 所示。

表 9 - 5　限位栏饲养与群养模式下母猪繁殖性能的比较

测定指标	群养组	限位栏组	P 值
死胎数（头/窝）	$0.33^{B}\pm0.14$	$1.33^{A}\pm0.29$	0.008
活仔数（头/窝）	$9.47^{a}\pm0.56$	$7.93^{a}\pm0.58$	0.07
弱仔数（头/窝）	$0.60^{a}\pm0.24$	$0.80^{a}\pm0.24$	0.559
仔猪初生重（kg）	$0.93^{a}\pm0.03$	$1.04^{a}\pm0.12$	0.309

注：同行肩标小写字母不同表示差异显著（$P<0.05$），大写字母不同表示差异极显著（$P<0.01$）。

表 9-6　限位栏饲养与群养模式妊娠母猪皮质醇水平的比较

妊娠时期	群养组皮质醇水平 （μg/mL）	限位栏组皮质醇水平 （μg/mL）	P 值
中期	194.28ᵃ±9.76	185.95ᵃ±5.65	0.473
后期	147.38ᵇ±19.50	191.99ᵃ±6.14	0.044

注：同行肩标小写字母不同表示差异显著（$P<0.05$），大写字母不同表示差异极显著（$P<0.01$）。

表 9-7　限位栏饲养与群养模式对妊娠期淮母猪行为的影响

项目	妊娠中期			妊娠后期		
	群养	限位栏	P 值	群养	限位栏	P 值
站立	7.52ᴮ±0.52	15.72ᴬ±0.95	0.001	14.86ᵇ±0.86	26.72ᵃ±3.60	0.033
躺卧	62.11ᵃ±4.54	63.87ᵃ±1.60	0.733	44.65ᵃ±0.87	38.95ᵃ±3.29	0.169
犬坐	0.3ᵇ±0.1	4.48ᵃ±0.89	0.043	0.92ᴮ±0.28	19.1ᴬ±1.61	0.006
代谢	1.19ᵃ±0.30	0.84ᵃ±0.23	0.42	0.92ᵃ±0.26	1.18ᵃ±0.38	0.591
空嚼	0.40ᵇ±0.07	3.12ᵃ±0.68	0.021	2.48ᵇ±0.46	6.30ᴬ±0.56	0.006
非摄食 口部活动	22.57ᴬ±1.04	10.92ᴮ±1.77	0.005	25.69ᴬ±1.09	10.68ᴮ±0.86	0.001
积极行为	5.94ᵃ±1.49	0.52ᵇ±0.13	0.022	10.90ᵃ±2.11	1.69ᵇ±0.11	0.012
消极行为	0.27ᵃ±0.067	0.58ᵃ±0.11	0.073	0.53ᵃ±0.064	0.37ᵃ±0.107	0.276

注：同行肩标小写字母不同表示差异显著（$P<0.05$），大写字母不同表示差异极显著（$P<0.01$）。

三、玩具种类和添加量对断奶淮猪仔猪福利水平及生长性能的影响

　　玩具可以充分满足猪拱咬的天性，有研究表明，相比于悬挂的玩具，仔猪更喜欢地上能拱咬的玩具。

　　【目的】研究不同的玩具种类和添加量对断奶淮猪仔猪福利水平及生长性能的影响。

　　【方法】试验采用添加玩具及添加量的双因子试验设计，选取 45d 日龄、体重相近，身体健康的断奶淮猪仔猪 105 头，随机分为 7 组，对照组不添加玩具，试验组分为悬挂在圈舍木质咀嚼器（添加量为 1 个、2 个、4 个）和放在地上的木块（添加量为 1 个、2 个、4 个）共 6 组，试验期为 30d。试验 15d、30d 8：00～16：00 观察仔猪行为，记录在 8h 内发生的行为次数。

【结果】提供玩具对断奶淮猪仔猪生长性能影响不显著，但有增加的趋势（表9-8）；悬挂玩具，添加量为4个的时候显著降低了争斗行为的发生，为最佳组合（表9-9和表9-10）。

表9-8　玩具种类及添加量对断奶仔猪生长性能的影响

组别	初始体重（kg）	试验末重（kg）	平均增重（g）
对照组	$6.74^a \pm 0.28$	$11.67^a \pm 0.36$	$4.93^a \pm 0.34$
咀嚼器（1个）	$7.09^a \pm 0.30$	$12.07^a \pm 0.33$	$4.98^a \pm 0.30$
咀嚼器（2个）	$6.57^a \pm 0.21$	$11.42^a \pm 0.47$	$4.85^a \pm 0.45$
咀嚼器（4个）	$6.53^a \pm 0.35$	$11.90^a \pm 0.40$	$5.37^a \pm 0.64$
木块（1个）	$6.66^a \pm 0.37$	$11.49^a \pm 0.41$	$4.83^a \pm 0.31$
木块（2个）	$6.68^a \pm 0.33$	$12.01^a \pm 0.38$	$5.33^a \pm 0.47$
木块（4个）	$6.72^a \pm 0.36$	$11.75^a \pm 0.35$	$5.01^a \pm 0.42$

注：同列数据肩标大写字母不同表示差异极显著（$P<0.01$），小写字母不同表示差异显著（$P<0.05$）。

表9-9　玩具种类及添加量对断奶仔猪15d行为的影响

组别	争斗	嬉戏	咬癖	躺卧	探究*	修饰*
木块（1个）	$0.30^{ace} \pm 0.09$	$1.48^{bdfg} \pm 0.14$	$0.09^a \pm 0.03$	$43.20^a \pm 6.00$	$22.54^a \pm 3.85$	$0.37^a \pm 0.10$
木块（2个）	$0.32^{ace} \pm 0.07$	$2.11^{ace} \pm 0.21$	$0.06^a \pm 0.01$	$41.91^a \pm 3.21$	$25.25^a \pm 5.08$	$0.38^a \pm 0.08$
木块（4个）	$0.24^{ace} \pm 0.06$	$2.16^a \pm 0.23$	$0.05^a \pm 0.01$	$39.35^a \pm 6.14$	$27.35^a \pm 5.66$	$0.35^a \pm 0.06$
咀嚼器（1个）	$0.44^{ac} \pm 0.08$	$1.56^{bdfg} \pm 0.12$	$0.09^a \pm 0.02$	$45.47^a \pm 6.15$	$22.42^a \pm 3.54$	$0.33^a \pm 0.05$
咀嚼器（2个）	$0.26^{ace} \pm 0.07$	$1.92^{aceg} \pm 0.20$	$0.07^a \pm 0.02$	$42.43^a \pm 6.94$	$23.44^a \pm 2.74$	$0.32^a \pm 0.11$
咀嚼器（4个）	$0.21^{bde} \pm 0.09$	$2.12^{ac} \pm 0.22$	$0.06^a \pm 0.01$	$40.80^a \pm 4.50$	$28.46^a \pm 4.06$	$0.40^a \pm 0.10$
对照组	$0.45^a \pm 0.05$	$1.59^{bceg} \pm 0.07$	$0.10^a \pm 0.03$	$47.01^a \pm 5.42$	$18.38^a \pm 3.18$	$0.33^a \pm 0.08$

注：同列数据肩标大写字母不同表示差异极显著（$P<0.01$），小写字母不同表示差异显著（$P<0.05$）。

表9-10　玩具种类及添加量对断奶仔猪30d行为的影响

组别	争斗	嬉戏	咬癖	躺卧	探究	修饰
木块（1个）	$0.16^{ac} \pm 0.05$	$1.68^{aceg} \pm 0.15$	$0.08^a \pm 0.03$	$44.51^a \pm 6.11$	$22.51^{ace} \pm 3.85$	$0.38^a \pm 0.1$
木块（2个）	$0.14^{ac} \pm 0.04$	$2.14^{ace} \pm 0.21$	$0.05^a \pm 0.01$	$43.25^a \pm 3.20$	$24.22^{ace} \pm 4.13$	$0.40^a \pm 0.08$

---

*　探究行为包括拱、嗅地面、墙面、玩具和爬墙等；修饰行为包括伸展身体、后肢搔痒等。

（续）

组别	争斗	嬉戏	咬癖	躺卧	探究	修饰
木块（4个）	0.09^{ac}±0.02	2.18^{ac}±0.20	0.04^{a}±0.01	40.68^{a}±6.09	30.00^{ac}±4.78	0.36^{a}±0.09
咀嚼器（1个）	0.15^{ac}±0.03	1.69^{aceg}±0.10	0.09^{a}±0.03	46.80^{a}±7.23	21.06^{ace}±3.50	0.34^{a}±0.06
咀嚼器（2个）	0.10^{ac}±0.03	2.02^{ace}±0.11	0.06^{a}±0.01	43.76^{a}±6.95	24.77^{ace}±2.93	0.34^{a}±0.07
咀嚼器（4个）	0.07^{bc}±0.02	2.19^{a}±0.25	0.05^{a}±0.01	42.13^{a}±4.37	31.12^{ace}±1.71	0.41^{a}±0.95
对照组	0.19^{a}±0.05	1.52^{bdfg}±0.10	0.07^{a}±0.01	47.23^{a}±5.42	18.38^{bde}±1.98	0.34^{a}±0.01

注：同列数据肩标大写字母不同表示差异极显著（$P<0.01$），小写字母不同表示差异显著（$P<0.05$）。

四、音乐种类对断奶淮猪仔猪福利水平的影响

播放音乐作为一种环境丰富物，是否能应用于畜牧业生产中，前人们也得出了不同的结果。有研究表明音乐可以提高生产性能，可以缓解仔猪断奶应激；也有研究发现音乐对于改善猪的福利状况效果微乎其微；还有研究认为音乐对于仔猪的福利水平具有两面性。

【目的】利用仔猪行为以及唾液皮质醇水平探索音乐种类对于断奶淮猪仔猪福利水平的影响。

【方法】选取35日龄断奶淮猪仔猪80头，随机分成对照组（不播放音乐）、轻音乐组、古典音乐组、摇滚音乐组，音量统一设定为65dB，播放时间为8：00～12：00、13：00～17：00，试验期为15d。观察第2、第8、第15天仔猪的行为并记录，试验第8天、第15天的上午10：00采集唾液测定皮质醇水平。

【结果】表9-11表明轻音乐组显著增加了嬉戏行为、探究行为和修饰行为（$P<0.05$），显著降低了争斗和咬癖行为（$P<0.05$）。15d的皮质醇水平显著低于其他三组，表明轻音乐对提高断奶仔猪福利水平有一定的帮助（表9-12）。

表9-11 音乐种类对断奶仔猪行为表现的影响

行为表现	天数（d）	对照组	轻音乐	古典音乐	摇滚音乐
	2	0.38^{a}±0.07	0.24^{a}±0.05	0.34^{a}±0.01	0.33^{a}±0.06
争斗	8	0.35^{a}±0.08	0.29^{a}±0.07	0.33^{a}±0.04	0.25^{a}±0.04
	15	0.27^{Aac}±0.03	0.10^{Bdf}±0.04	0.26^{Aace}±0.02	0.32^{Aa}±0.06

行为表现	天数（d）	对照组	轻音乐	古典音乐	摇滚音乐
嬉戏	2	$2.48^a \pm 0.10$	$2.73^a \pm 0.71$	$2.37^a \pm 0.03$	$2.71^a \pm 0.20$
	8	$2.51^{bcd} \pm 0.07$	$3.25^a \pm 0.33$	$2.67^{bcd} \pm 0.08$	$3.01^{ac} \pm 0.06$
	15	$2.07^{bcd} \pm 0.04$	$2.75^a \pm 0.19$	$2.15^{ac} \pm 0.30$	$2.00^{bcd} \pm 0.19$
咬癖	2	$0.20^a \pm 0.03$	$0.21^a \pm 0.044$	$0.26^a \pm 0.02$	$0.24^a \pm 0.02$
	8	$0.16^{ac} \pm 0.04$	$0.11^{bcd} \pm 0.03$	$0.14^{acd} \pm 0.04$	$0.25^a \pm 0.04$
	15	$0.14^{acd} \pm 0.04$	$0.10^{bcd} \pm 0.02$	$0.16^{ac} \pm 0.04$	$0.23^a \pm 0.05$
躺卧	2	$74.85^a \pm 1.39$	$67.90^a \pm 3.74$	$70.62^a \pm 3.44$	$68.94^a \pm 5.05$
	8	$70.70^a \pm 5.34$	$64.18^a \pm 6.77$	$68.03^a \pm 5.02$	$62.24^a \pm 3.87$
	15	$70.13^a \pm 3.34$	$67.36^a \pm 5.56$	$68.69^a \pm 2.65$	$64.79^a \pm 6.29$
探究	2	$15.65^{bcd} \pm 1.04$	$23.17^{ac} \pm 2.67$	$25.83^a \pm 4.72$	$20.27^{acd} \pm 2.70$
	8	$20.74^a \pm 2.38$	$27.17^a \pm 3.12$	$22.65^a \pm 2.26$	$28.32^a \pm 2.86$
	15	$18.40^{bde} \pm 2.08$	$28.17^a \pm 2.88$	$26.32^{ac} \pm 2.52$	$22.98^{ace} \pm 1.96$
修饰	2	$1.40^{ac} \pm 0.10$	$1.34^{acd} \pm 0.05$	$1.54^a \pm 0.09$	$1.23^{bcd} \pm 0.05$
	8	$1.04^{bcd} \pm 0.18$	$1.56^a \pm 0.20$	$1.29^{ac} \pm 0.12$	$1.24^{acd} \pm 0.06$
	15	$0.86^{bcd} \pm 0.06$	$1.22^a \pm 0.14$	$1.11^{ac} \pm 0.09$	$0.99^{acd} \pm 0.09$

注：同行数据肩标大写字母不同表示差异极显著（$P < 0.01$），小写字母不同表示差异显著（$P < 0.05$）。

表 9 - 12　音乐种类对断奶仔猪皮质醇水平的影响

天数（d）	皮质醇水平（$\mu g/mL$）			
	对照组	古典音乐	摇滚音乐	轻音乐
8	$77.21^a \pm 8.53$	$53.14^{bcd} \pm 5.81$	$57.32^{ac} \pm 9.26$	$55.90^{acd} \pm 4.07$
15	$47.62^{Aac} \pm 6.11$	$44.84^{Abce} \pm 3.53$	$49.08^{Aa} \pm 4.29$	$38.17^{Bde} \pm 2.19$

注：同行肩标小写字母不同表示差异显著（$P < 0.05$），大写字母不同表示差异极显著（$P < 0.01$）。

五、其他福利饲养技术研究

此外，我们还开展了不同饲养密度对淮猪仔猪的影响研究、轻音乐播放时间和音量对断奶仔猪的影响研究、淮猪母猪补饲豆浆及刀鱼汁对仔猪日增重成活率的研究、加喂鸡蛋对淮猪公猪精液品质的影响研究、人猪亲和对淮猪公猪精液品质的影响研究、夏季降温措施对淮猪公猪精液品质及配种效果的影响研究、防蚊蝇对淮猪的影响研究等。

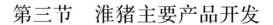

第三节　淮猪主要产品开发

一、独特的淮猪肉

1. 淮猪肉　淮猪肉瘦肉率为 44.89％，背膘厚度为 37mm，肌内脂肪 3.5％～5％，肉色鲜红色或深红色，大理石纹明显，肌肉失水率低，肌内脂肪含量高，色泽鲜亮，肉质多汁、鲜嫩，肉质优。其他特点：①人体必需氨基酸苏氨酸和苯丙氨酸含量高。②决定肉质风味和鲜味的谷氨酸、甘氨酸、丙氨酸含量高，肉质鲜味、风味好。③饱和脂肪酸含量高，脂肪硬度大，加工容易成型，耐储存。④不饱和脂肪酸含量较低，但亚麻酸含量高，亚麻酸可以降低血脂，抑制动脉粥样硬化和抗脂质过氧化作用，延缓人体衰老。对其背膘的脂肪酸组成研究发现，背膘主要有 12 种脂肪酸组成，其中油酸含量占 30％以上，α-亚麻酸、二十碳花生四烯酸等的含量高于普通猪，营养价值较高。由于采取绿色食品生产技术，保障产品质量，经省级以上专业机构检测和中国绿色食品发展中心认定，符合"绿色食品"安全标准。

2. 含75％淮猪血统的特色杂交猪肉　以淮猪为母本，与杜洛克公猪杂交，杂交一代母猪再与淮猪公猪回交的淮-杜-淮杂交模式，生产含 75％淮猪血统的特色杂交猪。该特色杂交猪，体重 25～85kg 阶段日增重 462.52g，比淮猪的 387.5g 提高了 19.4％；体重 80～85kg 饲养日龄 200d，比淮猪237～240d 缩短了 37～40d；料重比 3.5∶1，比淮猪的料重比高；胴体瘦肉率达 47％～51％，比淮猪的提高 4～5 个百分点，其肉质性状与淮猪相比差异不显著。

特色杂交商品猪因含 75％淮猪血统而很好地保持了淮猪肉色鲜红、脂肪洁白、大理石纹明显、肌内脂肪适中、嫩度好的优良特性，且该猪生长速度快、瘦肉率高，符合国人消费习惯和需求，深受养殖户和消费者欢迎，可以作为淮猪肉的补充。

二、产品质量保证

多年来，东海种猪场把对猪肉质量的控制一直放在首位，确保产品从出生、生长育肥、出栏、屠宰加工到销售的每个环节都能受到最严格监控及质量管理。

首先，东海种猪场建立完整的生产、育肥、销售、屠宰、加工及文化宣传一体化的淮猪文化产业链，最终保证了（老）淮猪肉的食用安全性，确保消费者的健康安全。

然后，采取集中管理模式，实现淮猪养殖、加工全程标准化，初步建立了产品质量安全溯源机制，保障产品质量。具有完善的肉品质量控制体系，成立完整的质量控制小组，并在生猪生产、屠宰加工及销售的各个环节中都设有专门的内检员。

最后，东海种猪场先后起草制定了 5 个企业标准和 2 个省级地方标准，涵盖了淮猪保种选育、商品猪生产、屠宰加工全过程。同时，强化质量监管，2011 年和 2014 年两次通过了 ISO 9001—2008 质量管理体系认证。除此以外，在生猪生长环境、饲料、养殖、防疫、屠宰、加工、包装、储运、销售过程中还严格执行动物福利标准，饲养过程中采用"三料"（精饲料、青绿饲料、粗饲料）搭配，自配精饲料，杜绝使用任何饲料添加剂及药物，保证肉品安全；全程添加青绿饲料，改善肉品质量与风味。开展优质绿色生猪及动物福利产品的生产、加工，开发"古淮"牌系列猪肉产品及肉制品，满足市场对高档优质安全猪肉产品的需求。

在产品检测及检验方面，主要表现在以下方面：①与东海县质量技术监督局签订产品检验委托协议，由东海县质量技术监督局对东海（老）淮猪产品进行各批次检验。②每年定期采样送至江苏省农产品质量安全检测中心进行绿色食品检测。③为了保证东海（老）淮猪肉肉质营养水平，合作社主体单位江苏东海种猪场与江苏省农业科学院签订协议，就东海（老）淮猪肉肉质进行专项检测。

自 2004 年开始至今，"古淮"牌东海淮猪肉连续多年进入江苏省国际农业合作洽谈会和国家级农业博览会，受到社会各界的重视和国内外客商的一致好评，至今未收到消费者任何投诉电话。

三、品牌资源开发

（一）挖掘淮猪优异种质特性

淮猪形成历史悠久，产地介于中国南北过渡地带，集中国南方猪和北方猪特点于一身，特色鲜明，具有肉质优、繁殖性能高、耐粗饲能力强等特点。对上述特性在分子水平上开展猪种遗传差异研究，加速功能基因和重要经济性状基因的定位、分离、克隆和表达调控研究，以及特有优良基因的鉴定和利用途径研究；系统性地研究优良特性形成的分子调控机制，挖掘其中起关键作用的功能基因，研究功能基因特异位点基因型与优良特性的内在联系，阐明这些基因的遗传变异对优良特性的调控机理，并找出具有遗传优势的遗传标记或单倍型，明确其育种价值，形成拥有自主知识产权的分子育种体系。挖掘淮猪优异种质特性基因，为肉猪品种开发提供依据。

与此同时，东海种猪场大力提升淮猪产业化水平，使优质优价的淮猪撬动与之相关的产业链形成，即以生态养殖为基础，积极构建辐射原料生产、饲料加工、良种繁育、屠宰加工、冷链物流、熟食制作、连锁专卖、餐饮（品苑饭店、烧烤园）、旅游（中国淮猪资源文化科普园）以及生物有机废弃物环保综合利用、绿色蔬菜种植等相关产业的循环经济体系和完整产业链条，从而实现了较大规模的生产、加工、销售、服务、文化宣传一体化产业的形成，已成为国内唯一一家以地方猪保护品种为产业带动社会各产业发展的成功典范。

目前，东海（老）淮猪专卖店已辐射到地理保护区域以外，除了在东海县城有两家专卖店外，在连云港、南京、江阴、苏州等地也有专卖店。随着东海（老）淮猪产业的不断发展，产业规模将越来越大，产业辐射范围也将越来越广。

淮猪品牌的种种荣誉与认证极大提升了其社会影响力，现已成为东海一张非常亮丽的品牌名片，更加成为农业品牌建设的标杆和典范。

（二）利用现代生物技术探索淮猪的保种新方法

地方猪种是培育新品种和新品系、保护动物多样性、实现养猪业可持续发展的重要资源。目前全国地方猪种的群体数量呈下降趋势，一些品种处于濒危状态，猪遗传资源的多样性受到严峻挑战。淮猪是黄淮海黑猪的主要类群，是优良的地方猪种。为了保存这一猪种，在完善活体保种方法与技术的基础上，积极探索配子（精子和卵细胞）冷冻、胚胎冷冻、精液冷冻、卵母细胞冷冻、体细胞冷冻等技术以及构建基因文库等分子保种方法，结合体细胞克隆等技术，为淮猪保种提供技术支撑。

（三）以淮猪为亲本培育新品种或配套系

1. 已培育的新品种

（1）新淮猪　新淮猪是我国最早有组织、有计划、有措施地利用地方猪种杂交育成的猪种，选用大约克夏猪和淮猪为亲本进行育成杂交，后期部分新淮猪导入长白猪和巴克夏猪血统。新淮猪被毛黑色，头稍长，嘴筒平直或微凹，耳中等大小，向前下方倾斜，背腰平直，腹稍大但不下垂，臀略斜，有效乳头不少于7对。其属肉脂兼用型猪种，产仔多，初产和经产母猪平均窝产仔分别为11.73头和13.39头，生长快，杂交育肥性能好，瘦肉率50％左右。具有体质强壮，耐粗饲，适应性、抗逆性强的特点，曾被全国大部分省区引进饲养，取得了显著的经济效益和社会效益。20世纪80年代初作为优良猪种出口越南和澳大利亚等国家。

（2）苏淮猪　苏淮猪由大白猪公猪与新淮猪母猪杂交选育形成，含50％新淮猪血统、50％大白猪血统，2011年获得国家新品种证书。苏淮猪被毛黑色（极少数有白蹄），头中等大，额宽，耳大，略向前倾，面微凹，背腰平直而长，腹不下垂，后躯发育良好，四肢结实。乳房发育良好，有效乳头在14个以上。成年公猪平均体重157kg以上，母猪平均体重115kg以上。初产仔（270窝）平均（10.34±0.11）头，3胎以上（278窝）产仔（13.26±0.08）头，活产仔（12.66±0.11）头。断乳成活11.29头，40日龄断乳窝重101.55kg。25～90kg育肥猪平均日增重662g，料重比3.09：1。在宰前平均体重88.52kg的情况下，屠宰率72％，平均背膘厚28.7mm，后腿比例32.85％。胴体中瘦肉占57.23％，脂肪占22.13％，骨占11.21％，皮占9.43％。肉色鲜红，无白肌肉（PSE肉）和黑干肉（DFD肉）。

2. 正在培育的新品种

（1）苏紫猪　以淮猪和苏钟猪为亲本，导入巴克夏猪基因，杂交培育新品种。由江苏省农业科学畜牧研究所猪学科团队负责实施，育种目标：产仔数13头左右，日增重700g，料重比3.0：1，瘦肉率56％以上，肌内脂肪含量3.5％以上。目前已完成6世代选育。

（2）苏晶猪　目前江苏东海老淮猪产业发展有限公司与江苏省农业科学院畜牧研究所合作正在以淮猪为亲本材料、淮杜淮杂交为基础培育新品种，已完成三代选育。育种目标：产仔数12.5头左右，日增重450g，料重比 3.5∶1，瘦肉率 50％以上，肌内脂肪含量 3.5％以上，大理石纹评分为 3 分。希望既保留淮猪肉的风味特色，又提高淮猪的瘦肉率及生长速度。

（四）持续开展淮猪福利饲养技术研究与应用

在前期东海种猪场与江苏省农业科学院合作开展淮猪福利饲养技术的基础上，持续开展淮猪福利饲养技术研究，在淮猪生产、屠宰的各个环节体现福利技术，形成淮猪福利饲养技术体系和模式，促进优质高档淮猪肉产品的开发，形成名牌产品，造福广大消费者。

四、文化资源挖掘

数千年来，生活在淮河流域的人民用自己的勤劳和智慧创造了灿烂的淮河文化，也培育了具有 2 000 多年历史的东海淮猪。淮猪是国家地方畜禽品种资源库中不可多得的瑰宝，是中华猪文化的杰出代表。

为了挖掘悠久的东海淮猪沉淀数千年的资源文化，并让社会更多的人了解种质资源保护的重要性，江苏幸福淮猪产业发展有限公司先后建设中国淮猪资源文化展示馆及中国淮猪资源文化科普园，建筑面积 1 300m² 以上，设置了淮猪历史文化、发展现状、资源保护、产业开发、生产远程观摩、产品展示、淮猪生活科普园、活体展示等区域，被江苏省旅游局评为省三星级乡村旅游示范点，主要以"游淮猪基地、汲淮猪资源文化、摘特色蔬菜瓜果、钓纯正野生鲫、尝特色东海淮猪肉、品农家种养生活"为目标，是一个集"品尝特色猪肉、采摘生态蔬果、了解淮猪养殖文化和饮食文化"等为一体的特色乡村旅游基地。

在积极搞好各种硬件设施和生产规模的同时，江苏幸福淮猪产业发展有限公司加大宣传力度，采取全新的东海淮猪肉文化品牌宣传措施，开办了中国淮猪网网站，利用各类新闻媒体宣传淮猪保种与产业开发动态；拍摄淮猪专题片及企业形象片，利用网站、官方微博、微信公众平台、西双湖论坛等进行宣传，以树立淮猪品牌在社会的影响力；同时开展"家喻户晓，唱响淮猪故事""中国淮猪故事宣讲团"及"中国东海淮猪 食品安全健康公益行"系列巡演等一系列活动在连云港市区、东海县城及 21 个乡镇进行宣传，举办专场活动 36 场。

五、形成以开发促保种的良性循环

我国地方猪保种主要依靠活体保种，为了保证血统的多样性，需要保存一定数量的种猪，种猪饲养成本高，因此保种费用高。淮猪的产业化开发使其经济效益和社会效益显著提高，同时建立了淮猪保种、扩繁、生产、加工、销售、文化于一体的全产业链体系，实现资源保护与资源开发的良性互动。

主 要 参 考 文 献

曹东阳，王小敏，钱爱东，等，2016. 江苏省及周边地区猪圆环病毒Ⅱ型（PCV2）分子流行病学调查［J］. 江苏农业学报，3（2）：390-398.

陈顺友，2011. 解读种猪良种登记及性能测定技术要求［C］// 全国规模化猪场主要疫病监控与净化专题研讨会论文集. 武汉：华中农业大学，28-31.

戴秋颖，2017. 大型猪场生物安全管理措施的总结［J］. 今日养猪业（s1）：76-79.

葛云山，2009. 新淮猪选育回顾和体会［J］. 养猪（5）：39-40.

郝飞，汤德元，曾智勇，等，2013. 我国猪瘟病毒基因流行变异研究［J］. 中国猪业，8（2）：42-44.

何孔旺，周俊明，2009. 猪链球菌病疫苗研究进展［J］. 兽医导刊（8）：22-23.

华利忠，冯志新，刘茂军，等，2012. 瑞士减群法在猪肺炎支原体净化中的应用研究进展［J］. 中国农学通报，28（14）：73-78.

贾立松，韩华，魏传祺，等，2017. 刮粪板清粪系统在现代化猪场的应用［J］. 当代畜牧（2）：53-55.

江苏省家畜家禽品种志编纂委员会，1987. 江苏省家畜家禽品种志［M］. 南京：江苏科学技术出版社.

李兴美，周波，任同苏，等，2011. 不同体重阶段的东海淮猪肌肉脂肪酸和氨基酸含量分析［J］. 畜牧与兽医，43（1）：32-35.

刘建利，李宏，曹琛福，等，2016. 非洲猪瘟的研究进展及风险分析［J］. 中国兽医杂志，52（4）：77-79.

卢增军，2018. 口蹄疫疫苗研究与防控实践［J］. 饲料与畜牧（6）：1.

潘丽娜，2018. 种猪性能测定的关键技术与应用［J］. 中国畜牧兽医文摘，34（1）：102.

戚桂成，1985. 淮猪［J］. 畜牧与兽医（1）：16-18.

任守文，何孔旺，2005. 养猪生产关键技术速查手册［M］. 南京：江苏科学技术出版社.

任守文，李碧侠，2009. 图文精讲——种猪饲养技术［M］. 南京：江苏科学技术出版社.

任守文，王学敏，2010. 图文精讲——商品猪生产技术［M］. 南京：江苏科学技术出版社.

戎婧，季香，姜建兵，等，2011a. 不同粗纤维水平的饲粮对肥育淮猪肉质的影响［J］. 养猪（1）：41-42.

戎婧，季香，姜建兵，等，2011b. 日粮粗纤维水平对淮猪生长与屠宰性能的影响 ［J］. 畜牧与兽医，43（11）：37-39.

施慈，刘洪斌，张凤强，等，2014. 猪支原体肺炎及其检测和防制的研究进展 ［J］. 中国农学通报，30（17）：14-20.

世界动物卫生组织（OIE），2017. OIE 陆生动物诊断试验与疫苗手册（哺乳动物、禽类与蜜蜂）［M］. 7 版. 农业部兽医局，译. 北京：中国农业出版社.

王光耀，任守文，刘红林，2016. 淮猪福利饲养技术研究 ［D］. 南京：南京农业大学.

王光耀，任守文，任同苏，等，2019a. 玩具种类及添加量对断奶淮仔猪福利水平的影响 ［J］. 养猪（2）：81-84.

王光耀，任守文，任同苏，等，2019b. 音乐类型对断奶淮仔猪福利水平的影响 ［J］. 养猪（1）：84-86.

王光耀，任守文，王学敏，等，2018. 群养与限位栏对妊娠淮母猪福利水平及繁殖力的影响 ［J］. 养猪（6）：49-51.

王林云，2011. 中国地方名猪研究集锦 ［M］. 北京：中国农业大学出版社.

王遵宝，李俊辉，豆智华，等，2018. 猪瘟 E2 亚单位疫苗攻毒保护效力研究 ［J］. 中国动物传染病学报，26（4）：18-23.

武深树，2014. 畜禽粪便污染防治技术 ［M］. 长沙：湖南科学技术出版社.

徐璐，范学政，徐和敏，等，2012. 猪瘟抗体间接 ELISA 检测试剂盒的研制和应用 ［J］. 中国兽医杂志，48（9）：21-25.

杨春蕾，董志民，李秀丽，等，2018. 天津地区 2 型猪链球菌的分离鉴定及耐药性分析 ［J］. 中国畜牧兽医，45（3）：822-829.

杨汉春，2016. 种猪场疫病净化技术措施 ［J］. 兽医导刊（17）：24-25.

杨汉春，2017. 我国猪病流行情况及防控策略 ［J］. 兽医导刊（21）：14-17.

于传军，王钧顺，2011. 苏淮猪的选育方法总结 ［J］. 畜牧与兽医，43（11）：108-109.

张宏福，唐福坤，1994. 猪鸡优秀饲料配方精选 500 例 ［M］. 北京：中国农业出版社.

张硕，2017. 畜禽粪污的"四化"处理 ［M］. 北京：中国农业科学技术出版社.

章学东，陈仲达，黄伟东，等，2000. 种猪优化选配决策原则及模型探讨 ［J］. 浙江畜牧兽医（3）：10-11.

赵杰，2018. 育肥猪的生理特点、营养需要及饲养管理 ［J］. 现代畜牧科技（1）：41.

赵书广，2013. 中国养猪大成 ［M］. 北京：中国农业出版社.

赵燕，2016. 猪圆环病毒 2 型疫苗的研究进展 ［J］. 畜禽业（1）：30-34.

Ai J W，Weng S S，Cheng Q，et al，2018. Human Endophthalmitis Caused By Pseudorabies Virus Infection ［J］. Emerging Infectious Diseases，24（6）：1087-1090.

Zimmerman J J，Karriker L A，Ramirez A，et al，2014. 猪病学 ［M］. 10 版 . 赵德明，张仲秋，周向梅，等，译 . 北京：中国农业大学出版社 .

Tong W，Liu F，Zheng H，et al，2015. Emergence of a Pseudorabies virus variant with increased virulence to piglets ［J］. Veterinary Microbiology，181（3 - 4）：236 - 240.

Wang X M，Li W L，Xu X L，et al，2018. Phylogenetic analysis of two goat-origin PCV2 isolates in China ［J］. Gene，651：57 - 61.

附　　录

附录一　《淮猪生产技术规程》
（DB32/T 2161—2012）

江苏省地方标准

DB32/T 2161—2012

淮猪生产技术规程
Technology Regulations of Huai Pig Production

2012 - 10 - 30 发布　　　　　　　　　　　　2012 - 12 - 30 实施

江苏省质量技术监督局　发布

前　言

　　淮猪是黄淮海黑猪的一个主要类群，具有产仔数多、抗病力强、耐粗饲、肉质鲜美等特点。2000 年农业部 130 号公告将黄淮海黑猪（淮猪）列入第一批《国家级畜禽品种资源保护名录》。为了开发利用淮猪资源，规范淮猪的生产，提高养猪的经济效益和产品的质量安全，特制定本标准。

　　本标准按 GB/T1.1—2009《标准化工作导则　第 1 部分　标准的结构和编写》的规定进行编写。

　　本标准的附录 A 为资料性附录。

　　本标准的附录 B 为规范性附录。

　　本标准由连云港市东海质量技术监督局、国营江苏东海种猪场提出。

　　本标准由国营江苏东海种猪场、东海县苏东淮猪养殖专业合作社起草。

　　本标准主要起草人：钱鹤良、任同苏、段敏、姜建兵、王韶山、杨慈新、季香、高新瑞。

准猪生产技术规程

1　范围

本标准规定了准猪配种与繁殖、营养与饲料、饲养与管理、卫生消毒、免疫程序与免疫注射注意事项、驱虫、档案资料的基本要求。

本标准适用于准猪养殖场、养殖户以及相关从业人员。

2　规范性引用文件

下列文件对于本文件的应用是必不可少的。凡是注日期的引用文件，仅所注日期的版本适用于本文件。凡是不注日期的引用文件，其最新版本（包括所有的修改单）适用于本文件。

GB 13078　饲料卫生标准

NY/T 820　种猪登记技术规范

NY 5032　无公害食品　畜禽饲料和饲料添加剂使用准则

中华人民共和国农业部第 278 号公告《停药期规定》

中华人民共和国农业部农牧发［2001］20 号《饲料药物饲料添加剂使用规范》

3　术语和定义

下列术语和定义适用于本标准

3.1　日粮

亦称日料。指一昼夜的喂给一头家畜由不同饲料组成的混合料（无论是一次喂给或分次喂给均称日粮）。

3.2　饲粮

由数种单一饲料，按一定比例配制成的混合饲料。

3.3　能量（OE、ME）

均以兆焦（MJ）表示，1 兆焦＝0.239 兆卡，1 兆卡＝4.186 兆焦。

3.4 粗蛋白

饲料中含氮量乘以 6.25 即为粗蛋白质的含量。

3.5 消化能

饲料总能减去粪能,即为消化能(DE)。

3.6 代谢能

饲料总能减去粪能和尿能,即为代谢能(ME)。一般代谢能按公式 ME＝DE×0.96 计算而得。

3.7 饲养标准

科学饲养家畜的一种技术标准。依据生产实践中积累总结的经验,结合代谢试验和饲养试验的结果,科学规定不同种类、年龄、性别、体重、生产目的和生产水平家畜每天应给予的能量和各种营养物质量。常用每头家畜日需要量或每千克饲料应含营养物来表示。

3.8 全进全出

同一猪舍单元内只饲养同一批次的猪,同时转进转出,并对猪舍进行清洗、消毒、净化的管理制度。

4 配种与繁殖

4.1 配种前准备

4.1.1 制定全年和分季度配种计划;

4.1.2 在配种前 15d 做好人员安排、器材、记录表格准备。

4.2 配种适龄

4.2.1 母猪

要在第三情期或第三情期以后,体重 50kg 以上。

4.2.2 公猪

体重 65kg 以上;配种前 5～7d 排精,前 4d 每 2d 排一次,后 2d 每天排一次。排精时间应在早晨进行。

4.3 配种适期

4.3.1 发情症状

对后备母猪在第一情期以后 18d 或哺乳母猪在仔猪断奶后第 3 天就要注意观察。①阴户肿胀,颜色由白色变粉红,到深红、紫红色。②阴户流出一些黏性液体,初期较稀清亮似尿,盛期颜色加深为乳样浅白色,有一定黏度,后期黏稠略带黄色。③活动频繁、不安定、哼叫，主动爬跨其他母猪或公猪。④对公猪反应：公猪接近时，母猪眼发呆、尾翘起、颤抖，头向前，颈伸直。因此，要求每天对发情母猪进行试情。其方法：每天早上 7：00～9：00 用情欲较强的种公猪在发情母猪圈舍前驱赶 2～3 次。⑤压背反应：对发情母猪采取压背试情，压背时站立不动，为配种适期。

4.3.2　适时配种的原则

①母猪发情周期一般为 21d（18～23d），发情持续期为 2～3d。一般情况下，青年母猪发情持续期比老龄母猪长。因此应按照"老猪早、少猪晚，不老不少配中间"的原则。②采取复配或多重配的方法，间隔时间 8～12h 为宜。

4.3.3　配种方法

①自然交配：自然交配时，因公、母猪个体差异，配种员应帮助公猪把阴茎插入母猪阴门。②人工授精：配种员输精时要模仿公猪自然交配的动作，先按压母猪背部，然后抚摸其阴部。输精管插入阴门后，用手按摩阴蒂并抽动捻转输精管数次后再缓慢进行输精。

4.4　妊娠诊断

4.4.1　母猪配种 25d 以后不再发情，一般可认为已经妊娠。

4.4.2　超声波测定法

可采用超声波妊娠诊断仪对母猪腹部进行扫描可确定是否怀孕。

5　营养与饲料

5.1　饲养标准

根据淮猪生长发育的生理和生产特点，制定淮猪各个阶段的营养标准，即《淮猪各个阶段的饲养标准》（见附录 A）。

5.2　饲粮配合原则

5.2.1　猪的饲粮配合

即《饲料配方》是根据猪各个阶段对各种营养物质的需要量，即《淮猪各个阶段的饲养标准》和猪常用饲料的营养成分和营养价值表，并结合当地饲料资源的供求状况决定。

5.2.2　饲料配制时应按饲养标准的各类营养成分要求配制，高或低于应控制在 3% 以内。

5.2.3　要考虑氨基酸的平衡。

5.2.4 根据淮猪具有较高的耐粗饲特点，在饲粮中可以适当增加粗纤维的含量，粗纤维含量前期可控制在 6％～8％，后期可控制在 8％～10％的比例。

5.2.5 要考虑饲料的适口性，适口性好的饲料多用，适口性差的饲料少用或不用。

5.3 饲料原料的采购和供应

5.3.1 饲料原料感官要求：色泽新鲜一致，无发霉、变质、结块及异味。

5.3.2 严禁使用发霉、变质、有毒的饲料。

5.3.3 有害物质及微生物允许量应符合 GB 13078 的规定。

5.3.4 饲料中添加使用的营养性饲料添加剂和一般性饲料添加剂应符合 NY 5032 和中华人民共和国农业部公布的《允许使用的饲料添加剂品种目录》所规定的品种和取得生产产品批准文号的饲料添加剂。

5.4 饲料添加剂的使用

5.4.1 应遵照饲料标签规定的用法与用量。添加剂预混料一般占全价配合饲料的 1％～5％，浓缩饲料一般占全价配合饲料的 20％～30％。

5.4.2 添加剂预混料和浓缩饲料产品不能直接饲喂。

5.4.3 制药工业副产品不能作为猪饲料原料使用。

5.4.4 饲料中不应直接添加兽药，如有需要必须在兽医指导下进行稀释和预混。

5.4.5 猪饲料中严禁使用盐酸克伦特罗等违禁药物，使用药物性饲料添加剂应按照中华人民共和国农业部农牧发〔2001〕20 号文发布的《饲料药物饲料添加剂使用规范》执行。

5.4.6 使用药物饲料添加剂应严格执行休药期制度。

6 饲养与管理

6.1 分群饲养

6.1.1 公猪单圈饲养。

6.1.2 后备母猪和产后空怀母猪一般一圈 4～5 头饲养，可以促进发情。

6.1.3 怀孕母猪 25d 后转入单圈或限位栏饲养。

6.1.4 临产母猪产前 5～7d 进产房或产床。

6.1.5 仔猪培育以一窝或两窝合并饲养为宜。

6.1.6 生长育肥猪可根据品种、体重大小、体质强弱合理分群，每群以 10～

15 头为宜，最多不超过 20 头，每头猪占栏面积 0.8～1.0m²。

6.2　饲喂与圈舍管理

6.2.1　饲料以干粉料、颗粒料或湿拌料〔干粉饲料与水为 1∶（1～1.5）混合〕饲喂。

6.2.2　每天定时饲喂 3～4 次，病猪、弱猪应单槽饲喂。

6.2.3　料槽要及时清除剩料、泥土或粪便，保持清洁卫生并定期消毒。

6.2.4　除需饮水消毒外，猪舍全部采用自动饮水器饮水。

6.2.5　猪舍夏季通风良好，冬季舍暖干燥，并切实做好猪舍的防暑降温和冬季防寒保暖。

6.3　粪尿处理

6.3.1　猪舍内必须设置粪便排污设施；猪舍外必须设置粪便处理专用通道，并保持整洁、畅通。

6.3.2　粪尿采取干湿分离，三级沉淀或沼气池处理后达标排放。干粪堆积发酵处理。

6.4　种公猪的饲养管理

6.4.1　种公猪应单圈饲养，保证有充足的光照和良好的通风条件，圈舍保持干燥清洁，特别要做好圈舍防暑降温和防寒保暖。为提高精液品质和增强配种能力，要加强种公猪的运动，每天定时刷拭猪体，定期进行精液检查，防止公猪咬架和自淫。

6.4.2　种公猪配种期间要增加蛋白质饲料，每天喂 2～3 个鸡蛋或用仔、乳猪料饲喂。

6.4.3　合理安排种公猪配种，1～2 岁的青年公猪每天配种或采精 1 次，连续配种 3～4d 后休息 1～2d；2 岁以上的成年公猪每天配种 1～2 次，连续配种 4～5d 后休息 1～2d。配种或采精应在早、晚饲喂前进行。

6.5　种母猪的饲养管理

6.5.1　空怀母猪的饲养管理

后备母猪及离乳母猪配种前要短期优饲，以优质高水平的哺乳料日喂 2.2～2.5kg 催情，待配种受孕后视母猪膘情及时合理减少饲喂量。

6.5.2　妊娠母猪的饲养管理

6.5.2.1　母猪妊娠后要保持安静，避免母猪应激以减少胚胎死亡率。有条件的要转入单圈或限位栏饲养。饲料应改为妊娠料，日粮减少为 2.0～2.2kg。

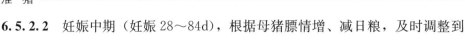

6.5.2.2　妊娠中期（妊娠28～84d），根据母猪膘情增、减日粮，及时调整到中等膘情。

6.5.2.3　妊娠后期（产前28d），要适当增加日粮至2.5～3.0kg，促进膘情至中等偏上，并保持安静尽量避免应激。母猪临产前5～7d，要进入已经消毒的产房或产床，铺上垫草保持干燥。进入产房后前3d可增加日粮至3.0～3.5kg；分娩前3d要逐步减少饲喂日粮至1.5～2.0kg。产前3d，要将母猪全身清洗干净。临产前，用热毛巾清洗乳房、乳头，并用皮肤消毒液消毒。

6.5.3　**母猪产后的饲养管理**

6.5.3.1　母猪产后第2天可以逐渐加料，每天增加0.3～0.5kg，直至日粮达到4.0～5kg，离乳前3d减少日粮至1.5～2.0kg。投料量要从少量逐渐增加，让母猪每次都能吃完。

6.5.3.2　母猪分娩结束，应及时清扫圈舍，更换垫草，并注意胎衣排出。由于产后体质虚弱，产仔当日不应喂给大量饲料，可喂少量麸皮汤，产后2～6d逐渐增加饲喂日粮2.2kg，7d后饲喂日粮为4.0～4.5kg哺乳猪料，自由采食。

6.6　**仔猪的饲养管理**

6.6.1　**哺乳仔猪的饲养管理**

6.6.1.1　**环境温度的控制**：仔猪出生当天至3日龄温度从35℃逐渐降至30℃，4～7日龄温度从30℃逐渐降至28℃，8～28日龄温度从28℃逐渐降至22℃，28～35日龄温度从22℃逐渐降至20℃。一般应采用仔猪保温箱，并在箱内吊挂150～250W红外线灯或铺设仔猪电热板加温。

6.6.1.2　**固定乳头**：早吃、吃足初乳。

6.6.1.3　**打耳号**：选留作继代纯繁的淮猪仔猪应编耳号，编号方法按照NY/T 820执行。商品猪可以用耳标编号。

6.6.1.4　**补铁、补硒、补水**：仔猪出生后3日龄时进行补铁，10～20日龄补硒，并供给35℃左右的清洁和消毒饮用水。

6.6.1.5　**补料**：仔猪出生后7d后开始设补料间补饲全价膨化颗粒料（乳猪料）。

6.6.1.6　**断奶**：一般应在35日龄断奶，具体断奶时间应视母猪营养和仔猪发育状况而定。

6.6.2　**断奶仔猪保育期的饲养管理**

6.6.2.1　**分群过渡**：仔猪原圈饲养1周后，全部转移到小圈或仔猪培育舍网上培育。

6.6.2.2　饲料过渡：断奶后 3d 内，继续使用乳猪料，以后每天更换 1/7 的仔猪料，10d 后全部饲喂仔猪料。

6.6.2.3　饲喂量过渡：断奶后 3～4d，每天饲喂次数、时间与哺乳期相同，饲喂量为断奶前的 70%～80%。5d 后自由采食，并保证供给清洁饮水。

6.6.2.4　温度过渡：保育舍温度应保持在 20～25℃，最低不低于 18℃。

6.6.2.5　调教：调教仔猪吃、睡、便三定位。

6.7　生长育肥猪的饲养管理

仔猪 70 日龄左右，体重达 15～20kg 保育结束后，可转入生长育肥猪场饲养。

6.7.1　仔猪进入育肥猪舍前对猪舍要进行彻底清洗消毒，修补完善食槽、饮水器等设备。

6.7.2　逐步换料：在 1 周内由仔猪料逐步更换为育肥猪前期料；饲喂生长饲料 50～60kg 以后使用肥育饲料。

6.7.3　及时调教：进圈后前 3d 及时调教，吃、睡、便三点定位。

6.7.4　前敞后控：育肥前期采取敞开采食不限量顿喂。育肥后期控制营养摄入量和饲喂量。一般应为敞开饲喂量的 80%～85%。

6.7.5　防暑保暖：夏季圈舍要通风，猪圈、猪体勤冲洗，搭凉棚或植树遮阳，有条件的可安装吊扇、风机或湿帘等；冬季要关闭门窗，敞开式猪舍要防贼风袭击，加盖薄膜（暖棚）。育肥猪适应温度为 10～28℃；舍内的相对湿度应在 55%～75%。

6.7.6　全进全出：相同来源、相似日龄与体重的猪放在一栋猪舍或一圈内，做到同批培育、同期育肥，同时出场屠宰。

6.7.7　适期出栏：淮猪是早熟易肥的中小型地方品种猪。淮猪商品猪出栏体重 80～85kg 为宜。

7　卫生消毒

7.1　制定切实可行的消毒制度，并建立重大动物疫病防疫区警示牌，猪场生产区禁止外来人员参观，非相关工作人员不应随意进出。

7.2　养猪单位及生产区的出入口处，必须分别设立车辆和人员的消毒池及紫外灯、洗手池等相应的配套设施。

7.3　出入生产区的人员和料车必须经过消毒池消毒，人员必须进消毒更衣室：①洗手消毒后，清水冲洗。②更衣、戴帽、换鞋，并在紫外线灯下消毒 10～15min，经消毒池进入。

7.4　消毒池中的消毒液必须定期进行更换：夏天 3～5d 更换一次；春、秋 5～7d 更换一次；冬天 7～10d 更换一次；室外消毒池暴雨之后必须及时更换。

7.5　每栋猪舍出入口设置一个小型消毒池，进出人员必须进行鞋底消毒。

7.6　戴工作帽、穿工作服和工作鞋，不得随意走出生产区。确需离开生产区必须将工作服、帽、鞋放回消毒更衣室后方可离去。

7.7　猪舍必须坚持每天清扫 1～2 次，定期对猪舍内地面、墙壁、屋顶、食槽、水槽、饲养用具进行消毒：夏天 3～5d 消毒一次；春秋天 5～7d 消毒一次；冬天 7～15d 消毒一次，疾病高发季节必须每周消毒一次。转群空闲猪圈包括限位栏、产房、培育栏等必须彻底消毒，并用清水冲洗 1～2 次，晾干 2～3d 后方可进猪。猪舍、用具、饲槽、产床、网床、车辆等应先清洗后再喷洒消毒液消毒。每月一次对猪场周围及排污沟、粪场进行大清扫、大消毒。

7.8　种公猪不准对外配种，若有需要可以采取人工授精；出门的猪只不得再进场；生产区严禁饲养犬、猫等其他畜类。

7.9　消毒药的使用

根据具体情况可选用农业部规定允许使用的不同品种的消毒药，消毒药必须定期更换使用。

8　免疫程序与免疫注射注意事项

8.1　根据淮猪各个阶段免疫程序并结合疫苗使用要求，制定淮猪各个阶段免疫时间表（见附录B）。

8.2　免疫注射注意事项

8.2.1　对免疫后的生猪，要严格按照国家有关规定，实行免疫耳标、免疫证、免疫记录"三位一体"的免疫标识管理制度。

8.2.2　防疫注射要求"一猪一针"，注射部位必须用 5% 碘酊棉球擦洗，待干后再用 70%～75% 的酒精棉球脱碘消毒方可注射。

8.2.3　不同猪只选用不同型号的针头和注射部位。

8.2.4　母猪在怀孕期间严禁用猪瘟弱毒疫苗接种注射，一般要求在配种前 20d 或哺乳母猪断奶前 7～10d 注射。

8.2.5　免疫注射前后 10d 内尽量不用抗生素药物，以防影响免疫效果。

8.2.6　主动配合当地畜牧兽医部门定期、不定期地对口蹄疫、猪瘟、猪繁殖与呼吸综合征（蓝耳病）等生猪重大疫病进行抗体检测，及时掌握猪群免疫情况。

9　驱虫

　　坚持每年春、秋两季对全群猪各驱虫 1 次，怀孕母猪产前 3 个月驱虫，仔猪转群时应普遍用药驱虫 1 次。驱虫药可用伊维菌素（商品名为害获灭或伊福丁、百虫杀）或阿维菌素（商品名为虫克星、灭虫丁），按每千克体重 0.2～0.3mg，颈部皮下注射或口服给药。对猪蛔虫、肺虫、肾虫、结节虫、鞭虫及猪疥螨、猪虱等均有较好的驱虫效果。

10　档案资料

　　档案资料记录要详细，并经整理分类装订成册，建立年度档案，保种选育的资料保存期 15 年以上。对饲料、饲料添加剂、兽药等投入品的来源、名称、使用时间和用量进行详细记录；对免疫使用的疫苗生产厂、名称、生产批号、使用时间和用量进行详细记录；对生猪发病、治疗、死亡和无害化处理情况进行详细记录。

附录二 《地理标志产品 东海（老）淮猪肉》
（DB32/T 1545—2009）

江苏省地方标准

DB32/T 1545—2009

地理标志产品 东海（老）淮猪肉

Product of geographical indication
——Donghai（Ancient）Huai pig meat

2009 - 11 - 10 发布

2010 - 12 - 30 实施

江苏省质量技术监督局 发布

前　言

东海（老）淮猪肉经国家质量监督检验检疫总局 2009 年第 89 号公告批准实施地理标志产品保护，为规范东海（老）淮猪肉的生产经营活动，特制定本标准。

本标准根据《地理标志产品保护规定》及 GB/T 17924—2008《地理标志产品标准通用要求》制定。

本标准按 GB/T 1.1—2000《标准化工作导则第 1 部分：标准的结构和编写规则》、GB/T 1.2—2002《标准化工作导则第 2 部分：标准中规范性技术要素内容的确定方法》编制。

本标准的附录 A 为规范性附录。

本标准由东海（老）淮猪肉地理标志产品保护管理委员会提出。

本标准由连云港市东海质量技术监督局、国营江苏东海种猪场、东海县苏东淮猪养殖专业合作社起草。

本标准主要起草人：陈振武、钱鹤良、任同苏、姜建兵、薄雷明、段敏、桑莲花。

地理标志产品　东海（老）淮猪肉

1　范围

本标准规定了东海（老）淮猪肉的产品的保护范围、术语和定义、质量技术要求、试验方法、标签、标志、包装、运输和贮存。

2　规范性引用文件

下列文件中的条款通过本标准的引用而成为本标准的条款。凡是注日期的引用文件，其随后所有的修改单或修订版均不适应于本标准，然而，鼓励根据本标准达成协议的各方研究是否可使用这些文件的最新版本。凡是不注日期的引用文件，其最新版本，适用于本标准。

GB/T 191　包装储运图示标志

GB/T 5009.44　肉与肉制品卫生标准分析

GB/T 7718—2004　食品标签通用标准

NY/T 632　冷却猪肉

NY/T 821　猪肌肉品质测定技术规范

NY/T 843　绿色食品 肉及肉制品

JJF 1070　定量包装商品净含量计量检验规则

NY 5030—2001　无公害食品　生猪饲养兽药使用准则

NY 5031—2001　无公害食品　生猪饲养兽医防疫准则

NY 5032—2001　无公害食品　生猪饲养饲料使用准则

NY 5033—2001　无公害食品　生猪饲养管理准则

NY 5029—2008　无公害食品　猪肉

国家质量监督检验检疫总局公告 2005 年第 151 号　地理标志保护产品专用标志

国家质量监督检验检疫总局公告 2009 年第 89 号　关于批准对东海（老）

淮猪肉实施地理标志产品保护的公告

3　地理标志产品保护范围

东海（老）淮猪肉的产地范围限于国家质量监督检验检疫行政部门根据《地理标志产品保护规定》批准的范围（国家质检总局 2009 年第 89 号公告）。

区域范围见附录 A。

4　术语和定义

NY/T 632、NY/T 821 中确立的以及下列术语和定义适用于本标准。

4.1　东海（老）淮猪肉〔Donghai (Ancient) Huai pig meat〕　产于东海县行政区域范围内，由淮猪（淮北猪）商品育肥猪生产的猪肉。

4.2　嫩度（Tenderness）

猪肉抗剪切的程度。

5　质量技术要求

5.1 品种

淮猪（淮北猪）。

5.2　饲养管理技术

5.2.1 仔猪

5.2.1.1　哺乳仔猪：3 日龄补铁，7 日龄补料，乳猪料粗蛋白含量 19.0% 至 21.0%。

5.2.1.2　断奶仔猪：45～60 日龄断奶，体重 8～13kg，饲喂日粮 0.4～0.6kg，饲料粗蛋白含量 17.0%～18.5%。

5.2.2　生长育肥猪

5.2.2.1　体重 20～35kg 阶段，饲喂日粮 1～1.5kg，粗蛋白含量 15.0%～16.0%。

5.2.2.2　体重 36～50kg 阶段，饲喂日粮 1.5～2.0kg，粗蛋白含量 13.5%～14.0%。

5.2.2.3　体重 51～70kg 阶段，饲喂日粮 1.75～2.0kg，粗蛋白含量 12.5%～13.5%，花生糠或甘薯糠添加量占日粮的 4.0%～6.0%。

5.2.2.4　体重 71～90kg 阶段，饲喂日粮 1.5～1.75kg，粗蛋白含量 12.0%～13.0%，花生糠或甘薯糠添加量占日粮的 8.0%～12%。

5.2.2.5　育肥猪屠宰在 9～10 月龄，体重 80～90kg。

5.2.2.6 预防、治疗药物及药物添加剂的使用严格遵守相关标准和规定。育肥猪屠宰前 35d 禁用任何药物。

5.2.2.7 全程补充青绿饲料：前期日添加 0.15～0.3kg，中期 0.3～0.5kg，后期 0.5～1.0kg。

5.2.2.8 育肥猪饲养：每圈设置运动场，每头平均 1～2m²。

5.2.2.9 防疫及疾病治疗用药应符合 NY 5031—2001、NY 5030—2001 要求。

5.2.2.10 饲料和饲料添加剂的使用应符合 NY 5032—2001 要求；冷却肉加工应符合 NY/T 632 要求。

5.2.2.11 其他要求就符合 NY 5033—2001。

5.3 环境、安全要求

饲养环境、疫情疫病的防治与控制必须执行国家相关规定，不得污染环境。其他要求就符合 NY 5033—2001。

5.4 屠宰加工

5.4.1 工艺流程：宰前停食 24h→冲淋→致昏→刺杀放血→浸烫脱毛→去头蹄、内脏→检验→劈半→预冷→分割包装→贮存运输。

5.4.2 浸烫水温在 56～63℃，烫毛时间为 8～12min。片猪肉应经 12～18h 冷却后进行分割包裹。包裹材料应是透吸、无色、无味、无毒。

5.5 鲜、冻猪肉

5.5.1 感官指标：肌肉色泽鲜红色或深红色，脂肪洁白，有光泽，大理石纹明显，无异味、无酸败味，切面应不渗水不渗血水，触摸有弹性，外表微干或微浸润，不粘手。煮沸烹饪后肉汤澄清透明，脂肪团聚于表面，香味浓郁。

5.5.2 理化及卫生指标：应符合 NY 5029—2008 中 3.4、3.5 要求。

5.6 肌肉品质指标

东海老淮猪肌肉品质指标应符合表 1 的要求。

表 1 东海老淮猪肌肉品质指标

项 目	指 标
肉色（分）	4
肌肉 pH	5.6～6.5
失水力（%）	10.0～15.0
肌内脂肪（%）	3.5～5.0
嫩度（kg·F）	≤3.5

5.7　净含量

符合 JJF 1070。

6　试验方法

6.1　感官检验

将样品置一白色托盘中，在自然光下，用肉眼观察外观形状、色泽、组织状态、异物；用指压表面测其弹性；用鼻子嗅其气味。煮沸后的肉汤检验按 GB/T 5009.44 规定的方法执行。

6.2　理化及卫生指标检验

按 NY 5029—2008 中 3.4、3.5 规定的方法执行。

6.3　猪肌肉品质检验

6.3.1　肉色按 NY/T 821—2004 中 6.1.1.1 测定方法执行。

6.3.2　pH 按 NY/T 821—2004 中 6.2.1 规定执行。

6.3.3　失水力按 NY/T 821—2004 中 6.3.1 的规定执行。

6.3.4　肌内脂肪按 NY/T 821—2004 中 6.4.1 的规定执行。

6.3.5　嫩度

将冷却至 20℃肉样，按与肌纤维呈垂直方向切取宽度为 1.5cm 的肉片，再用 1.27cm 直径的圆形取样器顺肌纤维方向钻切肉样块，做 10 个重复。按嫩度测定仪记录 10 个肉样块的剪切力值的算术平均数。

6.4　净含量

按 JJF 1070 测定方法执行。

7　检验规则

7.1　组批和抽样方法

7.1.1　组批：以同一产地、同一工艺流程、同一天生产加工的产品为一批次。

7.1.2　抽样方法：按 NY 5029—2008 中 5.2 规定的方法执行。

7.2　检验类型

7.2.1　出厂检验

每批产品必须经厂质检部门对产品的感官指标（不含煮沸烹饪汤色）、包装、标签及净含量检验合格后附上合格标志，方可出厂销售。

7.2.2　型式检验

型式检验是对产品进行全面考核，即对本标准规定的全部技术要求进行检验。正常情况下，要求每半年进行一次，有下列情况之一的应进行型式检验：

a）正式生产后，产品原料、工艺、配方等有较大变化，可以影响产品质量时；

b）国家质量监督机构或主管部门提出要求时；

c）有关多方对产品质量有争议需仲裁时。

7.3 判定规则

各样指标的检验结果符合要求时，则判定该批产品为合格产品。理化卫生指标有一项不符合要求的判定该批产品不合格。其他指标有一项以上不合格的可进行复检，复检仍不合格的判定该批产品为不合格产品。

8 标签、标志、包装、运输、贮存

8.1 标签

产品的标签应符合 GB 7718 规定，图示标志应符合 GB/T 191 的规定。

8.2 标志

标志应符合国家质量监督检验检疫总局公告 2005 年第 151 号 地理标志保护产品专用标志规定。

8.3 包装

包装应采用无污染、易降解的包装材料。

8.4 运输

运输肉品的车辆，必须符合卫生标准要求，不得用于运输活的动物或其他可能影响肉品质量或污染肉品的产品和同车运输其他产品。

8.5 贮存

产品的贮存物应清洁卫生，不得与有毒有害物品混存混放，不应露天堆放。冻猪肉产品应在－18℃以下的冷库中贮存，保质期不超过 180d；冷却肉产品应在－2～2℃，相对湿度 85％～90％的冷却间贮存，保质期不超过 5d。

图书在版编目（CIP）数据

淮猪 / 任守文等编著 . —北京：中国农业出版社，
2019.12
（中国特色畜禽遗传资源保护与利用丛书）
国家出版基金项目
ISBN 978 - 7 - 109 - 26260 - 7

Ⅰ.①淮…　Ⅱ.①任…　Ⅲ.①养猪学　Ⅳ.①S828

中国版本图书馆 CIP 数据核字（2019）第 275200 号

内容提要：本书系统介绍了淮猪的品种起源和特性、品种保护和繁育、营养与饲料、饲养管理、疫病防控、环境控制、开发利用与品牌建设等，系统展示了淮猪的保种工作和全产业链开发模式。本书内容丰富，具有较强的科学性和实用性，可供一线养猪人员、养猪企业管理人员、畜牧兽医技术推广人员、科研教学人员等，以及农业院校畜牧兽医专业方向的学生阅读参考。

中国农业出版社出版

地址：北京市朝阳区麦子店街 18 号楼
邮编：100125
责任编辑：弓建芳　武旭峰　黄向阳
版式设计：杨　婧　责任校对：吴丽婷
印刷：北京通州皇家印刷厂
版次：2019 年 12 月第 1 版
印次：2019 年 12 月北京第 1 次印刷
发行：新华书店北京发行所
开本：720mm×960mm　1/16
印张：11.5　插页：4
字数：190 千字
定价：85.00 元

彩图1　淮猪公猪

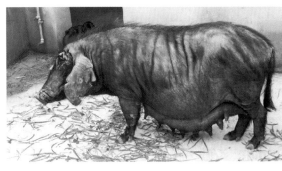

彩图2　淮猪母猪

彩图3　带仔母猪

彩图4　"威武黑狮"

彩图5　獠　牙

彩图6　鬐　甲

彩图7　淮猪保种场及扩繁场

彩图8　淮猪育肥场

彩图9　育肥活动场

彩图10　保育舍

彩图11　生长育肥舍

彩图12　绿树下的猪舍运动场

彩图13　饲料厂

彩图14　屠宰场车间厂房

彩图15　淮猪肉

彩图16　五花肉

彩图17　中国淮猪资源文化馆

彩图18　镇馆之宝——威扬

彩图19 ISO9001质量
体系认证

彩图20 创客中国

彩图21 诚信消费品牌

彩图22 地方标准及
企业标准

彩图23 地理标志保护产品

彩图24 江苏名牌产品证书

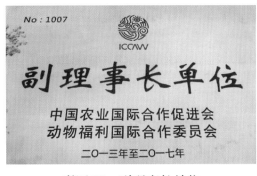

彩图25　副理事长单位

彩图26　国家级黄淮海黑猪（淮猪）保种场

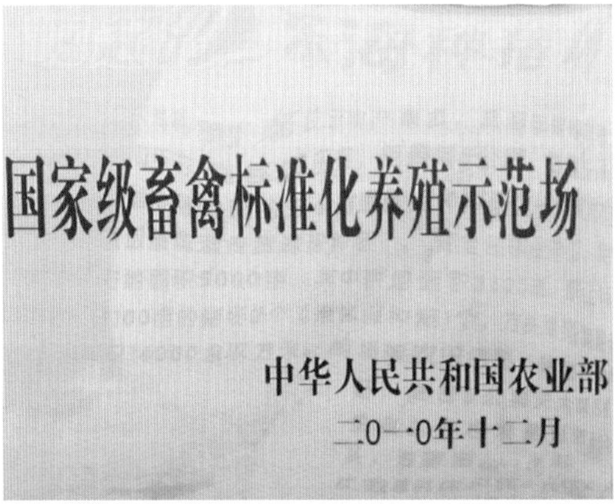

彩图27　国家级畜禽标准化养殖示范场

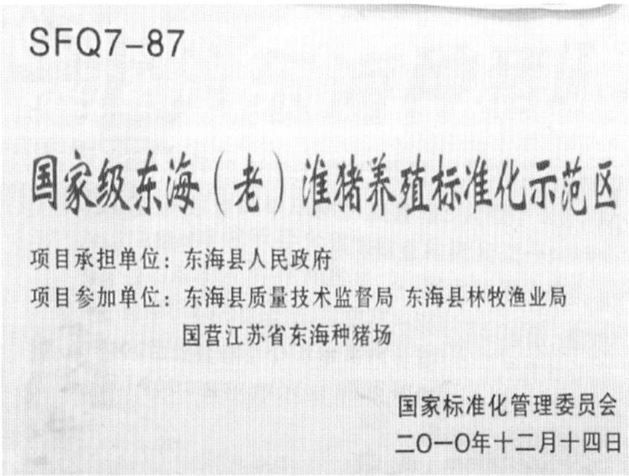

彩图28　国家级东海（老）淮猪养殖
标准化示范区

彩图29　江苏名牌农产品

彩图30　连云港市科学技术
进步奖三等奖

彩图31 江苏省动物防疫规范达标示范场

彩图32 江苏省无公害畜禽产地

彩图33 江苏省畜牧生态健康养殖示范基地

彩图34 江苏省畜禽良种化示范场

彩图35 连云港市名牌产品

彩图36 连云港市非物质文化遗产

彩图37　连云港市知名商标　　　　　　彩图38　商标注册证

彩图39　绿色食品认证证书　　　彩图40　农场动物福利
　　　　　　　　　　　　　　　　　　　评价证书

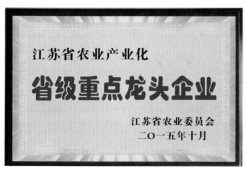

彩图41　省级重点龙头企业　　　彩图42　世界纪录协会证书

彩图43　市级龙头企业

彩图44　市科学技术进　彩图45　无公害农产
步奖一等奖　品证书

彩图46　中国条形码系统成员证书

彩图47　中华农业科技奖

彩图48　福利养殖金猪奖证书

彩图49　最具品牌价值奖